小学生 Python 趣味编程

潘洪波　编著

U0275987

清华大学出版社
北京

内 容 简 介

这是一本基于小学生认知水平和学习发展规律的教材，创设贴近小学生学习、生活的情境，在解决问题的实践中引出新知，由浅入深，由易到难，循序渐进，逐步系统化，为培养小学生编程能力和用算法解决问题的意识提供了一套较优的方案。本书设计的案例有层次、有梯度，利用类似于代码的自然语言描述解决问题的过程与步骤，让思维活动可视化，为提升小学生的思考力提供了有力的抓手。每课、每单元均设计具有反馈、巩固学习效果的检测作业，为激发小学生学习兴趣、保持学习动力、体验编程的快乐提供了可靠的保障。

本书适合小学四年级及以上学生阅读使用，可作为小学信息科技学科的教辅材料，也可作为信息科技教师学习 Python 语言的参考读物。

图书在版编目（CIP）数据

小学生 Python 趣味编程 / 潘洪波编著 . —北京：清华大学出版社，2024.2
ISBN 978-7-302-64828-4

Ⅰ.①小⋯　Ⅱ.①潘⋯　Ⅲ.①软件工具－程序设计－少儿读物　Ⅳ.① TP311.561-49

中国国家版本馆 CIP 数据核字（2023）第 206077 号

责任编辑：赵轶华
封面设计：潘雨萱
责任校对：赵琳爽
责任印制：丛怀宇

出版发行：清华大学出版社
　　　　网　　　址：https://www.tup.com.cn，https://www.wqxuetang.com
　　　　地　　　址：北京清华大学学研大厦 A 座　　　　邮　　编：100084
　　　　社 总 机：010-83470000　　　　　　　　　　邮　　购：010-62786544
　　　　投稿与读者服务：010-62776969，c-service@tup.tsinghua.edu.cn
　　　　质量反馈：010-62772015，zhiliang@tup.tsinghua.edu.cn
印 装 者：北京博海升彩色印刷有限公司
经　　销：全国新华书店
开　　本：185mm×260mm　　　印　　张：15.5　　　字　　数：236 千字
版　　次：2024 年 2 月第 1 版　　　　　　　　　印　　次：2024 年 2 月第 1 次印刷
定　　价：69.00 元

产品编号：103983-01

序

　　我们的校园是温润的，因为春雨正来；我们的校园里有风，因为春风正在化雨。这便是"当春乃发生"的美好。

　　成长是校园永恒的美好。为了学生的成长心甘情愿地付出时间与精力，每天进步一点点，每年改善一点点，始终向上向善，这是金华师范学校附属小学老师们共同的追求。潘洪波老师一直奋斗在这份追求的路上，从事小学编程教育二十余年，不断精进专业，潜心研究教学，先后出版了《小学生 C++ 趣味编程》《小学生 C++ 趣味编程训练营》等书籍，深受师生的喜爱。

　　听闻潘老师的人工智能教育启蒙图书《小学生 Python 趣味编程》整理成册即将出版，真应了"满心欢喜"这四个字，这是潘老师与孩子们共同成长的积淀与结晶。

　　相信此书的出版能让更多的孩子爱上编程，能为小学人工智能启蒙教学起到促进作用，能为民族的科技复兴播下星星之火。这也是"当春乃发生"的美好。

　　这一池春水，正在向着未来激荡。

教育部首届基础教育数学教学指导专业委员会副主任委员

浙江省小学数学特级教师　　俞正强

杭州师范大学博士生导师

2023 年 4 月

前 言

现在有一种流行的说法：Python 语言最接近自然语言，语法简洁、清晰、易懂，拥有众多的第三方库，非常适合编程初学者学习使用。

如果初学者是成年人，这种说法完全正确。如果初学者是小学生，这种说法就值得商榷了。

Python 语言最接近自然语言，这个"自然语言"是指汉语吗？不是，而是英语。对于我国的小学生来说，英语是一门外语，不是母语，按照教育部公布的《义务教育课程方案（2022 年版）》的课程设置，小学中高年级才开始开设英语课。如果按照正常的教学进度，小学五、六年级的孩子英语刚入门，他们可以把学会的简单的英文单词、语法迁移到 Python 语言中，但想以"最接近自然语言"为突破口来学习 Python 语言，是不现实的。

Python 语言的语法是简洁、清晰的，但对小学生来说是不是易懂的呢？简洁的语法，有时是会增加学习难度的。例如，赋值语句 tot+=2 中使用了由"+""="构成的增强赋值运算符"+="，这样的语句很简洁、清晰，但孩子们在学习时，需要"转个弯"，先转换成烦琐一点的普通赋值语句 tot=tot+2，才能更容易消化、理解。同时，计算机高级语言的语法结构和汉语的语法结构是不一致的，编程时，要从母语的表述方式转换成用计算机语言来描述，这涉及思维方式的转换，对初学者而言特别不容易。

拥有众多的第三方库，对于项目应用的开发者来说，可以提高工作效率，但也容易让人迷失在库的海洋里。对于一个人来说，时间是一个常量，更何况是小学生，各门学科都有各自的学习任务，可支配的时间有限，以"众多的第三方库"作为学习内容，也是值得探讨的。

因此，我们要树立一个观点：对于小学生来说，想要学会 Python 语言是不容易的。

一方面，这种"不容易"提醒所有的教育者要正确面对现实，认识到存在的困难，只有基于现实进行思考，才能找到正确的解决方法；另一方面，这种"不容易"也激励着教育者，只要方法正确，路径有效，对于一般的小学生来说，学习 Python 语言也并非一件难事。

如何才能让"不容易"变得"容易"呢？编写一本基于小学生认知规律和学习发展规律的教材是重要的一环。

首先，编写小学生 Python 教材时，要明白成人与小学生学习 Python 语言的目的是不同的。成人往往是为工作而学，为开发某个具体的项目或应用程序而学，侧重于应用性。而小学生是为成长而学，以 Python 语言为载体进行思维的完整性和逻辑性训练，掌握利用计算机解决问题的方法，培养思考力，激发兴趣，侧重于基础性。

其次，编写的教材要做到对、好、趣、高。

对。就是教材编写的内容要正确，这是最基本的要求。但由于 Python 语言的独特性，做到"对"并不简单。例如，一般程序设计高级语言中的变量是"箱子"，赋值是把某个表达式的值装入"箱子"的过程；而 Python 语言中的变量，是对象的标签，是对象的引用，赋值是把变量指向某个具体对象的过程。只有基于"指向""引用"的认识时，孩子们才能理解多变量同时指向同一个组合类型对象时，修改某个变量指向的对象元素后，其他变量的值也会发生变化。因此，不能把 Python 语言中的变量比喻成"箱子"。

又如，一般程序设计高级语言中 for 循环是计数循环，而 Python 语言中的 for 循环是遍历循环，遍历循环可以实现计数功能，但它不是计数循环，只有从"遍历"的角度去理解，才能让孩子们明白遍历循环的循环体中对循环变量的重新赋值修改不会影响循环次数，不能把遍历循环简单处理为计数循环。

好。这个"好"一方面体现在编排顺序上，要循序渐进，不能把知识点简单地堆砌起来。对于有基础的成人，选用将各种语法知识集中呈现的教材能快速全面地掌握 Python 语言。但是知识点集中呈现的教材对于编程零基础的孩子来说是不适合的，犹如把各种字、词集中整理在一起的字典不能作为孩子学习语文的教材。在案例中，循序渐进地学习各个知识点或许是小学生学习编程的可行路径。在解决问题的实践中，引出新知，适可而止，由浅入深，由易到难，不求概念化，逐步系统化，实现从以语法为核心的知识体系的教学编排转向以解决问题为核心的能力体系的教学编排。

　　"好"的另一方面体现编排内容上，要做到因材施教。Python 语言是一种生态语言，生态语言关注的不再是每个具体算法的逻辑功能和设计，而是尽可能利用第三方库进行代码复用，像搭积木一样编写程序，提高开发工作的效率。对于成人，从计算生态的角度学习 Python 是因材施教。如果小学生也是从计算生态的角度学习 Python，那么要记住内置函数、对象的方法及各种库的调用语法，才能编写程序。但这样大脑就会进入记单词阶段，缺少思维活动会让学习变成记忆，不利于孩子的成长。因此，小学生应从算法的角度学习 Python，注重基础性，弱化应用性，关注思维活动。数据、算法、算力是人工智能的三要素。选择算法作为学习内容，也符合时代发展的趋势。那么，选择怎样的内容才算是从算法角度编排的呢？例如，已知某一个数字列表中各个元素的值，求出该列表中所有元素的和。从计算生态的角度出发，直接学习内置求和函数 sum() 的调用方法，代码简洁，编程的效率高。从算法角度出发，应学习计算机高级语言累加求和的一般方法（先将累加器清零，再遍历列表中的每一个元素，依次累加各个元素的值，最后输出累加器的值）。这种求和方法的代码长，编程效率低，却能让小学生明白累加的一般过程，学会思考。站在一般程序设计语言的视角选择学习 Python 语言的内容，既要关注 Python 语言个性化的内容，也要关注程序设计语言的共性知识，两者有机结合，通盘考虑，适当地从语言细节上解放出来，才能更有利于孩子的成长。

　　趣。就是编写的教材要让孩子感到有趣。"趣"是有层次的。第一层次是精美的画面，以图吸引孩子。对于小学低年级学生，这个显得特别重要。对于从形象思维过渡到抽象思维的小学高年级学生，图对他们有吸引力，但引发的兴趣不持久，因学习而体验成功的快乐、因学习而实现自我价值引发的兴趣才是最持久的、最可贵的，这便是第二层次的"趣"。因此，编写的教材一方面要有插图，吸引孩子兴趣；另一方面要设计有梯度、有层次的问题，在解决问题的过程中利用自然语言、流程图或伪代码语言等方式，呈现解决问题的过程与步骤，让思维活动可视化，同时设计习题，举一反三，为孩子体验编程的快乐、实现自我价值、保持学习动力提供可能。

高。就是编写教材的指导思想要高。跳出学科看问题，跳出技术看问题，要从人的发展、培养人的角度来考虑。从人的发展角度看，多数孩子将来不会成为程序员或计算机科学家，因此，不能把编程看作一种狭隘的技术，而是把它当成一种解决问题的方法，让孩子学会问题的分解、抽象、建模、设计算法的能力，并能将这种能力迁移、应用到解决其他学习、生活中的问题中。从培养人的角度看，编程只是学习的载体，不是学习的目的，学习的目的是能让孩子在学习编程的过程中得到成长，关注孩子思维完整性和逻辑性方面的训练，培养孩子的理解力、思考力、创造力，为孩子的未来助力。不要只把编程当成筛选人才的工具，而是应该把编程作为培养人才的利器，因此，在编写教材时，应在科学的、发展的人才观、成才观、教育观的视角下组织教学内容，让编程成为一种素养。

本书基于以上认识和多年一线的编程教学实践编写而成。在编写的过程中，得到金华市婺城区教研室郑理新、金华市第五中学陈洪棋、金华市青春中学陈旭平、浙江师范大学熊继平等老师的指导与帮助。因编者水平有限，书中难免存在不妥或错误之处，欢迎读者批评指正，可以发送邮件至电子邮箱 4878747@qq.com，更希望读者对本书提出建设性意见，以便修订、再版时改进。

潘洪波

2023 年 4 月

目 录

狐狸老师

风之巅小学的信息科技老师，幽默而充满智慧，上课生动有趣，深受孩子们喜爱。精通 Python、Pascal、C、C++、Java、C#、Scratch、汇编等多种计算机程序设计语言，擅长枚举、回溯、递归、分治、搜索、动态规划等多种算法。

兔子尼克

风之巅小学四年级学生，阳光少年，爱动脑筋，特别擅长枚举算法。

泰迪狗格莱尔

风之巅小学五年级学生，可爱的美少女，乐于助人，特别擅长递归算法。

第 1 单元
走进 Python 的世界

程序设计语言是一种人与计算机交流的人造语言。从发展历程来看,程序设计语言分为机器语言、汇编语言、高级语言。

　　Python 是一种程序设计高级语言。Python 这个单词原本的含义是大蟒蛇,但这种语言与大蟒蛇没有任何关系。为什么会把这种语言称为 Python?据说这与设计者吉多·范罗苏姆的一个爱好有关,他在设计这个语言时,电视剧 *Monty Python′s Flying Circus*(《巨蟒的飞行马戏团》或《蒙提·派森的飞行马戏团》)正在首播,他非常喜欢看,于是他就把这种语言取名为 Python。

第1课 换个视角看世界

——认识 Python

尼克和格莱尔喜欢在网上下五子棋，经常在一起学习、交流网上下棋的技巧。

尼克和格莱尔发现，如果以使用者、消费者的视角看五子棋程序，会从软件的操作层面出发，学习关于五子棋程序的操作方法。如果以设计者、生产者的视角看五子棋程序，就会从软件的本质出发，思考关于五子棋程序的设计方案。

换个视角看世界，你会看到不一样的世界。

从设计者的视角看，五子棋程序该如何设计？

如果按步骤来划分，下棋程序第一步开始游戏，第二步黑子先走，第三步绘制画面，第四步判断输赢（如果能决出输赢，则转到第八步，否则继续），第五步轮到白子走，第六步绘制画面，第七步判断输赢（如果能决出输赢，则转到第八步，否则转到第二步），第八步输出输赢结果。

如果按功能来划分，下棋程序中包含三类对象。第一类是玩家对象：黑白双方，这两方的行为是一模一样的；第二类是棋盘对象：棋盘系统，负责绘制画面；第三类是裁判对象：规则系统，负责判断玩家是否犯规、输赢等。玩家对象负责接受用户输入，并告之棋盘对象在屏幕上实时显示棋子的变化，同时由规则对象来对棋局进行判定。

同一个问题选择不同的解决策略，编写的程序是不一样的。同一个问题选择相同的解决策略，不同的人编写，程序也可能是不一样的。但无论编写怎样的程序，都要先学会一种计算机程序设计语言。据不完全统计，程序设计语言有 600 多种，但生命力强劲的却不多，绝大部分都已不再使用。

Python 是一种面向对象的、交互式的、解释型程序设计高级语言，由荷兰人吉多·范罗苏姆于 1989 年发明，1991 年公开发行第一版。如今 Python 已无处不在，它被广泛地应用到各个领域，成为最受欢迎的程序设计语言。目前 Python 语言的版本主要包含 2.x 系列和 3.x 系列，这两个系列之间并不完全兼容。本书采用 Python 3.10 版本来调试、运行程序，对于初学者来说，不用深究 3.10 与 3.9、3.8 等 3.x 系列各版本之间的区别。

为了方便、快速地编写 Python 程序，首先要选用一款基于 Python 集成开发环境（IDE）。比较常用的 Python 集成开发环境有 IDLE、Thonny、PyCharm 等，其中 IDLE 是 Python 自带的集成开发环境，Thonny 是一款面向 Python 初学者的集成开发环境。本书中的所有程序均在 Thonny 中调试运行。

　　其实，任何一款文本编辑工具都可以编写 Python 程序，但是文本编辑工具没有调试、运行 Python 程序的功能，非常不方便。

双击桌面上的 Thonny 图标（见图 1.1），或者在"开始"菜单里选择"Thonny"选项，即可启动 Thonny。Thonny 的界面如图 1.2 所示。

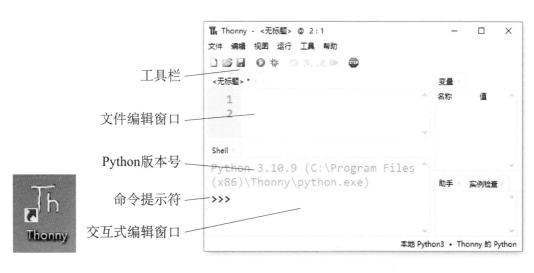

图 1.1　　　　　　　　　　　　　　图 1.2

在 Thonny 中编写、运行 Python 程序主要有两种方式：基于命令提示符的交互方式和基于文件编辑的文件方式。一般支持解释型程序设计语言的编辑器都具有交互、文件编辑两种方式，用解释型程序设计语言编写的程序是边解释边执行的，在未做特殊处理的情况下，每次运行每条语句都需要解释器重新翻译。编译型程序设计语言的编辑器只有文件编辑方式，用编译型程序设计语言编写的程序必须格式完整、语法正确才能编译成一个可执行文件，编译后才能运行。在程序未修改的情况下，下次可以直接运行编译后的可执行文件，程序不必重新编译。

在 Thonny 的 Shell 窗口交互方式下会看到三个大于号（>>>）和一个一闪一闪的光标，其中三个大于号（>>>）称为"命令提示符"、"脚本提示符"或"提示符"。看到命令提示符和闪动的光标说明 Python 解释器已处于等待状态，此时输入表达式、语句等脚本，再按 Enter 键马上能看到执行结果。

在 Shell 窗口命令提示符（>>>）的后面，输入几个算式，考考 Python 的计算能力。

```
>>> 2 + 10          命令提示符
                    输入的算式
12                  执行后输出的结果
>>> 10 - 2
8
>>> 2 * 10
20
>>> 10 / 2
5.0
>>> 10 // 3         // 为整除运算符
3
>>> 2 ** 10         ** 为乘方运算符，
1024                2 ** 10 表示 10 个 2 相乘
```

在 Pyhon 中，像"2+10"这样的式子称为表达式，其中"+"号称为运算符，表 1.1 列出了加、减、乘、除等算术运算符。

表　1.1

名称	加	减	乘	除	整除	乘方
运算符	+	-	*	/	//	**

```
>>> 1234567890123456789 * 9876543210987654321
12193263113702179522374638011112635269
```

在一般的程序设计语言中，整数都是有数据范围的，但在 Python 中，整数的长度只受计算机存储空间大小的限制，理论上讲可以任意长，因此，Python 中超大的整数可以直接参与运算。

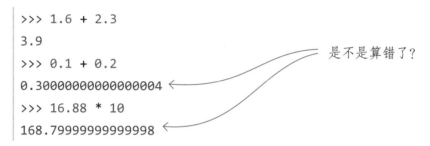

```
>>> 1.6 + 2.3
3.9
>>> 0.1 + 0.2
0.30000000000000004  ←
>>> 16.88 * 10
168.79999999999998  ←
```

是不是算错了？

像 1.6、2.3、0.1、0.2 这样的数称为浮点数或实数。Python 和许多程序设计语言一样，浮点数运算后有时会存在误差，如 0.1 与 0.2 相加的和是 0.30000000000000004。这种误差不是 Python 本身引起的，这与计算机内存中浮点数的存储方式有关，是由于有些十进制浮点数在计算机内存中无法精确地用二进制存储导致的。

 小知识

访问网站 https://thonny.org，根据自己计算机的操作系统，下载相应的 Thonny 版本并安装。

英汉小词典

python ['paɪθən]　一种计算机编程语言；大蟒蛇；蟒

thonny [θɒnɪ]　适用于 Python 初学者的集成开发环境

shell [ʃel]　壳

动动脑

1. Python 语言属于程序设计 (　　　)。

　　A. 伪代码语言　　　B. 机器语言　　　　C. 高级语言　　　　D. 汇编语言

2. 在 Shell 窗口中计算下列式子的值，并把值和相应的表达式填在横线上。

$111 \times 111 =$　　　　　　　　$99 \div 9 =$　　　　　　　　$2+3 \times 4 =$

_____　　　　　_____　　　　　_____

_____　　　　　_____　　　　　_____

3. 算一算：变成一粒米需要经历多少天？

　　从种子变成米需要经历多少天？育芽，将种子泡水后育芽约 5 天。育苗，将育好芽的种子撒到育苗田里，长成秧苗约 30 天。成熟，将秧苗移栽到水田里，长成成熟的水稻约 90 天。收割、晾晒及加工成大米约 3 天。

　　在 Shell 窗口命令提示符 >>> 的后面输入算式，算一算从种子变成米需要经历的天数。

第 2 课　键盘指法

——输出函数 print()

　　键盘是常用的输入设备，编写程序时，长短不一的各种语句一般都是通过键盘输入的。如何操控键盘，养成正确的指法习惯，对小学生来说显得尤为重要。

　　常用的键盘有 104 或 107 个键，分为主键盘区、功能键区、小键盘区、编辑键区。主键盘区中的 "A" "S" "D" "F" "J" "K" "L" ";" 这 8 个键称为基本键。输入时，先把左手食指放在 F 键上，右手食指放在 J 键上，两手拇指放在空格键上，其他手指依次排开，每个键位都有相应的手指管理，如图 2.1 所示。

图 2.1

编写程序输出 8 个基本键位。

如果要把指定的文本输出到当前所在的控制台（屏幕）中，那么可以使用 Python 的内置输出函数 print( )。

```
>>> print('asdfjkl;')
asdfjkl;
```

使用 print( ) 函数要遵循一定的语法规则。

print 后面需要加上一对英文括号，要输出的文本放在括号中，同时在文本的两边加上一对引号。引号可以是单引号、双引号或三引号，但需要注意的是，引号一定要成对出现。一边是单引号，另一边也应是单引号；一边是双引号，另一边也应是双引号；一边是三引号，另一边也应是三引号。不能一边是单引号，另一边是双引号或三引号。文本两边的引号是英文的引号，不能输成中文的引号。

这种用引号包裹的若干个（零个、一个或多个）文本称为字符串。单引号和双引号包裹的字符串必须在同一行，称为普通字符串。三引号包裹的字符串可以是一行，也可以是多行，称为长字符串。两边的引号只是一种表示方式，不是字符串的一部分。

```
>>> print('Hello Python!')      输出用单引号包裹的字符串
Hello Python!
>>> print("can not")            输出用双引号包裹的字符串
can not
>>> print("can't")             输出用双引号包裹、内含单引号的字符串
can't
>>> print('"')                 输出用单引号包裹、内含双引号的字符串
"
>>> print('''1                 输出用三个单引号包裹的长字符串
2
3''')
```

```
1
2
3
>>> print("""a
    b""")
a
b
>>> print("""学习是一生的事情,
    贵在持之以恒。""")
学习是一生的事情,
贵在持之以恒。
```

输出用三个双引号包裹的长字符串

可以把 Shell 窗口的交互方式作为一个试验场。例如,要想知道一个表达式、一条语句的语法是否正确或运行结果是否符合预期,可以先在提示符 >>> 后面输入,按 Enter 键后根据输出结果再作出判断。实时反馈交互的运行结果,这是 Shell 窗口的优点,但是 Shell 窗口有也不足——没有保存功能,当关闭 Thonny 并重新启动后,以前在 Shell 窗口提示符 >>> 后面输入的代码就找不到了。

如果需要把程序保存下来,就需要在文件编辑窗口中输入代码。例如,在文件编辑窗口中输入显示"指法顺口溜"的代码。

```
1    print('''左右食指FJ键上来定位
2    其余手指两边开
3    每个手指都有家
4    上下击键后要归位''')
```

小知识

在 Thonny 中,按住 Ctrl 键的同时滚动鼠标滚轮,可以调整代码的字号大小。

程序编写完成后,单击工具栏的"保存"按钮或菜单栏的"文件——保存"选项,在弹出的"另存为"对话框中,选择保存的位置,输入文件名,单击"保存"按钮,程序就保存成功了。

程序保存成功后，单击工具栏中的"运行当前脚本"按钮或按 F5 键运行程序，程序运行的结果会显示在 Shell 窗口中，如图 2.2 所示。

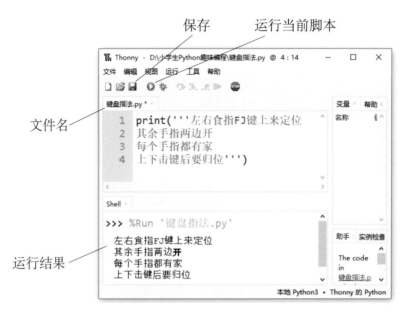

图 2.2

运行程序，也称为让程序"跑"起来。

用高级语言编写的代码称为源代码或源程序。在一个面向 Python 的集成开发环境中（如 Thonny），编写的源程序保存后是以".py"作为后缀的，一个后缀为".py"的文件也称为一个模块或脚本。

如何利用 print( ) 函数输出其他类型的数据或表达式？

整数、浮点数直接放在 print( ) 函数的括号里就可以了。

```
>>> print(100)
 100
>>> print(0.618)
 0.618
```

表达式也可以直接放在 print( ) 函数的括号里。

```
>>> print(1+2)
 3
```

如果要一次性输出多个内容，如何用一个 print( ) 函数实现？

可以详细地学习一下 print( ) 函数的使用方法。

print(输出项 1, 输出项 2, ……, sep=' ', end='\n')

输出项 1、输出项 2、sep、end 称为 print( ) 函数的参数。每个参数之间均用逗号分隔。参数 sep、end 为可选参数，在使用 print( ) 函数时，可以给这两个参数设置特定的值，也可以不设置。当未提供参数 sep 时，默认 sep=' '，表示输出时多个输出项之间的分隔符为一个空格。当未提供参数 end 时，默认 end=' \n '，表示当最后一项内容输出后默认会添加换行符，使光标移到下一行。

输出项 1（参数 1）

输出项 2（参数 2）

```
>>> print('1+2=', 1+2)
 1+2= 3
>>> print('1+2=', 1+2, sep='')
 1+2=3
>>> print(1949, 10, 1)
 1949 10 1
>>> print(1949, 10, 1, sep='/')
 1949/10/1
>>> print(192, 168, 0, 1, sep='.')
 192.168.0.1
>>> print('1+2=', end='?')
 1+2=?
>>> print('1+2=', end='')
 1+2=
```

参数之间用逗号分隔

各个输出项之间以默认的一个空格作为分隔符

输出时各输出项之间无分隔符

输出时各输出项之间以默认的一个空格作为分隔符

输出时各输出项之间用 / 分隔

输出时各输出项之间用 . 分隔

当最后一项内容输出后添加字符 "?"

当最后一项内容输出后不添加任何字符

缩进（1 个半角空格）

在 Thonny 中，由 print( ) 函数输出的内容整体会向右缩进一个半角空格的间距。这个半角空格不是由 print( ) 函数输出的，它是 Thonny 针对 print( ) 函数输出内容的一种个性化的格式安排。一般基于 Python 的集成开发环境处理 print( ) 函数输出的内容时，都是直接顶格输出的。因此，同学们在"阅读程序，写运行结果"时，不用考虑这个缩进的半角空格，直接按顶格输出处理。

拓　　展

键盘上的键为什么不按 26 个字母的顺序 "有序"排列？

1860 年，打字机之父肖尔斯开始进行现代英文打字机研发，最初设计的打字机键位是按 26 个字母的顺序排列的，可是当时的机械工艺不成熟，字键在击打之后弹回的速度较慢，打字速度一快，很容易出现字键被卡住的情况。肖尔斯通过研究，将 26 个英文字母顺序打乱后重新排列于键盘之上，并且把经常使用的字母放在不灵活的手指下面，如把字母 A 放在左手小指下面。这样的设计会降低使用者的输入速度，给了一些字键回弹的时间，保证打字机不会出现卡死的情况。后来随着新技术的使用，尽管字键不会出现卡壳，可键盘上字母的布局就这样一直延续下来了。

 英汉小词典

print [prɪnt]　打印

 动动脑

1. Python 编写的源程序后缀为（　　　　）。

A. .cpp　　　　　　B. .py　　　　　　C. .mp3　　　　　　D. .wav

2. 阅读程序，写运行结果。

```
1  print('100+200')
2  print(100+200)
3  print('100+200', 100+200)
4  print('100+200', 100+200, sep='=')
```

输出：_____

3. 根据题意，编写程序。

www.python.org 是 Python 的官方网站，在这个网站中可以下载各个版本的 Python 解释器。请使用 print( ) 函数输出文本 "www.python.org"。

第3课　重要的话说三遍
——变量与赋值

程序的重要任务是数据处理，数据是有类型的。例如，1024 是整数，1.414 是浮点数，文本 'Byte' 是字符串。为了方便数据的处理，在 Python 解释器内部，各种类型的数据都是采用面向对象的方式组织的，将数据和对该类型数据的各种操作"打包"（封装）为一个类。

"类"这个名词是从英文单词 class 翻译过来的，翻译后不是很符合现代汉语的习惯。在现代汉语中，一般不会单独使用"类"这个字，常与其他字组合成为一个词语后再使用，常见的词语有"人类""鸟类""种类""类型"等。但在 Python 中却单独使用"类"字，此时它是一个名词。

类（class）和对象（object）是面向对象编程中重要的概念。根据"类"可以得到对象，好比汽车制造工厂有了生产汽车的设计（包含图纸和生产线）后，可以根据这个设计生产出许多汽车。"设计"相当于"类"，生产出的某一辆实实在在的"汽车"相当于根据"类"而创建的一个"对象"。

在 Python 中，如果将 str(字符串) 视为类，那么用引号包裹的某个具体的文本则是依据 str(字符串) 类创建的一个实例，称为对象。可以说，Python 中所有的"东西"都是对象。

> 重要的话说三遍，编程输出三遍"一切皆为对象"。

```
>>> print('一切皆为对象')
一切皆为对象
```

这时才输出一遍，另外两遍可以通过按键盘上的光标上移键↑调出刚才输入的语句，按 Enter 键再次运行。也可以在第一次输出时使用字符串连接符"+"，将三个"一切皆为对象"连接起来，一次性输出。

```
>>> print('一切皆为对象'+'一切皆为对象'+'一切皆为对象')
 一切皆为对象一切皆为对象一切皆为对象
>>> print('一切皆为对象\n'+'一切皆为对象\n'+'一切皆为对象\n')
 一切皆为对象
 一切皆为对象
 一切皆为对象
```

"\n"是转义符，表示换行

或者使用字符串的重复运算符 *，一次性输出。

```
>>> print('一切皆为对象\n'*3)
 一切皆为对象
 一切皆为对象
 一切皆为对象
```

还可以先把"一切皆为对象 \n"赋值给一个变量，再用一个 print( ) 函数打印出来。

```
>>> txt = '一切皆为对象\n'
>>> txt
'一切皆为对象\n'
>>> print(txt*3)
 一切皆为对象
 一切皆为对象
 一切皆为对象
```

txt 是变量名

　　Pyhon 中的变量名可以是大写字母、小母字母、数字、下画线和汉字等字符的组合，但首字符不能是数字，中间不能出现空格，也不能使用保留字（即一些已经被赋予特殊意义的词，如 class）。同时变量名是区分大小写的，例如 TXT 和 txt 是两个不同的变量。

通过"="可以给一个变量赋值，"="称为赋值号，不是等于号。"txt = '一切皆为对象 \n'"可以读成："一切皆为对象 \n"赋值给变量 txt，但不能读成：txt 等于"一切皆为对象 \n"。

Python 中的变量与其他高级语言的变量有点不太一样，在其他高级语言中，变量是一个"箱子"，赋值就是把赋值号右侧的值"装入"左侧的变量中。但在 Python 中，变量不是"箱子"，而是"标签"，通过赋值号"="将变量"指向"某一个对象，赋值操作不会实际复制值，只是将变量和对象关联起来。赋值后，可以通过变量引用这个对象，因此 Python 中的变量就相当于给某个对象取了一个名字，是对象的别名。

```
>>> txt = '一切皆为对象'
>>> txt
'一切皆为对象'
>>> type(txt)
<class 'str'>
```

'一切皆为对象'是字符串对象，是 str 类的一个实例，此时可以通过变量 txt 引用它。内置函数 type( ) 可以查看变量引用的对象的类型。

```
>>> ans = 5
>>> ans
5
>>> type(ans)
<class 'int'>
```

5 是整型对象，是 int 类的一个实例，此时可以通过变量 ans 引用它。

 **小知识**

在 Python 中，同一个变量在不同的时刻可以"指向"不同类型的对象，变量的类型由变量所指向的对象类型决定。

```
>>> a
Traceback (most recent call last):
  File "<pyshell>", line 1, in <module>
NameError: name 'a' is not defined
```

提示的错误信息是"名称错误：变量'a'未定义"。因为，变量必须"指向"某个对象，才有存在的意义。上面的变量 a 没有通过赋值"指向"

某个对象，却直接使用了，所以出现了"名称错误"。

```
>>> a = None          ←———— None 表示空值
>>> a
>>> print(a)
 None
>>> x = y = z = 1024  ←———— 将多个变量同时"指向"同一个对象
>>> x
1024
>>> y
1024
>>> z
1024
>>> x, y, z = 1, 2, 3 ←———— 支持同时给多个变量赋值，即并行赋值
>>> x                 ←———— 变量 x "指向"整型对象 1
1
>>> y                 ←———— 变量 y "指向"整型对象 2
2
>>> z                 ←———— 变量 z "指向"整型对象 3
3
```

英汉小词典

class [klɑːs]　类

object [əbˈdʒekt]　对象

type [taɪp]　类型

None [nʌn]　空值（常量，首字母大写）

动动脑

1. 以下选项中，符合 Python 语言变量命名规则的是（　　）。

　　A. txt_1　　　　　　B. A*B　　　　　　C. a?pl&e　　　　　D. 4n

2. 阅读程序，写运行结果。

```
1  x = 1
2  y = 2
3  x, y = y, x
4  print(x, y)
```

输出：_____

3. 根据题意，编写程序。

风之巅农场挖了一口圆柱形的水井，底面积是 3.14 平方米，深是 8 米。编写程序算一算，挖出了多少立方米的土? 程序中要求使用变量。

提示：圆柱的体积 = 底面积 × 高

第 4 课 寄　语

——输入函数 input()

世上无难事，只怕有心人。学习编程虽然不是一件很简单的事，但也不是一件很难的事。因为它有一定的框架和流程，只要理解了这些框架、流程，稍加练习，你就能在编程的世界里翱翔！编程的世界这么大，请你去看看。

> 输出一句寄语"世界这么大，请 ××× 去看看！"，"×××"用输入的文本代替。

解决这个问题需要三步：

第一步，输入要代替"×××"的文本。

第二步，处理：通过字符串连接操作，生成寄语。

第三步，输出寄语。

```
1  谁 = input()  # 输入谁
2  寄语 = '世界这么大，请' + 谁 + '去看看！'   # 处理:生成寄语
3  print(寄语)  # 输出寄语
```

运行结果

你↵ ← 输入的数据

世界这么大，请你去看看！ ← 输出的数据

内置函数 input( ) 可以接收从键盘上输入的内容，它的返回值是一个字符串类型的对象。

变量 ＝ input(提示性文字)

提示性文字是input( )函数的可选参数，不是必需的，使用时可以有，也可以没有。提示性文字的类型可以是数字、字符串等。需要注意，无论用户输入的是字符串还是数字，input( )函数的返回值都是字符串。

```
>>> name = input()
 nike↵
>>> name
'nike'
>>> n = input('n=')
 n=6↵
>>> n
'6'
>>> n = input('1+2=')
 1+2=3↵
>>> n
'3'
>>> name = input(1)
 1nike↵
>>> name
'nike'
>>> t ='学好Python，'
>>> txt = input(t)
 学好Python，前途无量！↵
>>> txt
'前途无量！'
```

无提示性文字

提示性文字为字符串

提示性文字为字符串

提示性文字为数字

提示性文字为变量 t 引用的对象

小·知·识

是 Python 语言的单行注释符。注释是为了提高源代码的可读性而加入的信息，供阅读程序的人阅读，不会被 Python 的解释器执行。

Python3 中的变量名可以采用汉字等中文字符来命名。汉字作为变量名，对小学生来说，见名知义，易于理解。但输入代码时，经常切换中英文输入法，容易出错——有时会把英文的括号、引号输成中文的括号、引号。从编程习惯、跨平台兼容等角度考虑，一般不建议使用中文字符给变量命名，建议使用英文等字符给变量命名，再加上必要的中文注释，当注释的内容有很多时，可以用多行注释符三引号（3 个单引号 ''' 或 3 个双引号 """）。

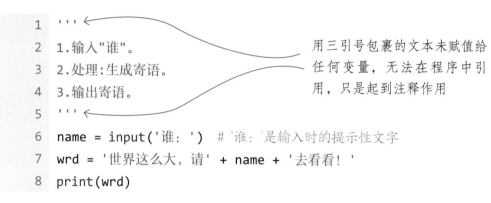

```
1  '''
2  1.输入"谁"。
3  2.处理:生成寄语。
4  3.输出寄语。
5  '''
6  name = input('谁：')    # '谁：'是输入时的提示性文字
7  wrd = '世界这么大，请' + name + '去看看！'
8  print(wrd)
```

用三引号包裹的文本未赋值给任何变量，无法在程序中引用，只是起到注释作用

运行结果

谁：尼克↵

世界这么大，请尼克去看看！

　　用计算机程序解决问题，一般都是先从控制台、文件、网络等输入数据获取已知条件，然后对输入的数据进行"计算"，处理后产生一个结果，最后把这个结果输出到控制台、文件或网络中呈现给用户，如图 4.1 所示。这种先输入数据再处理数据后输出数据的流程，就是编写程序的基本框架，也称编写程序的基本方法，简称为 IPO 方法。

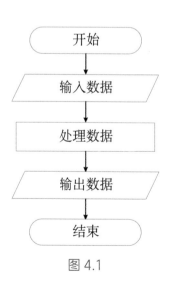

图 4.1

 **英汉小词典**

input ['ɪnpʊt]　输入

动动脑

1. 执行语句 print(input( )*5) 时，输入 4 后运行结果是（　　）。

　　A. 4*5　　　　　　　B. 20　　　　　　　C. 5555　　　　　　　D. 44444

2. 阅读程序，写注释和运行结果。

```
1   f = input('请输入文件名: ')                      # _____
2   in_f = f + '.in'                              # _____
3   out_f = f + '.out'                            # _____
4   print(in_f, out_f, sep='\n')                  # _____
```

请输入文件名：cat↵

输出：_____

3. 根据题意，编写程序。

输出一句问候：某某某，你好!

"某某某"表示输入的文本，如输入"中国"，则输出：中国，你好!

_____　　# 输入文本，并赋值给一个变量

_____　　# 生成字符串"某某某，你好!"

_____　　# 输出生成的字符串

第5课 生日礼物
——类型转换

格莱尔的生日快到了，她的 3 位朋友决定送给她最爱吃的苹果作为生日礼物。尼克送给她 a 个苹果，马尼送给她 b 个苹果，菠莉送给她 c 个苹果。格莱尔高兴坏了。

请你赶紧帮格莱尔算算她一共收到了几个苹果。

格莱尔一共收到了几个苹果？只要将尼克、马尼、菠莉送的苹果个数相加就可以了。根据编写程序的 IPO 方法，本课的解题思路描述如下。

1. 输入 3 个人分别送的苹果个数 a,b,c 的值。

2. 处理：将 a,b,c 相加，求出苹果的总个数。

3. 输出苹果的总个数。

根据编程思路，写出程序。

```
1  a = input('a:')  # 输入a
2  b = input('b:')  # 输入b
3  c = input('c:')  # 输入c
4  tot = a + b + c  # 求和
5  print(tot, "个", sep='')  # 输出总个数
```

运行结果

a:5↵

b:6↵

c:1↵

561 个

没有语法错误，但运行结果不对，是什么原因呢？怎样查找错误原因？可以选中"视图"菜单下的"变量"选项，查看每个变量的值，如图 5.1 所示。

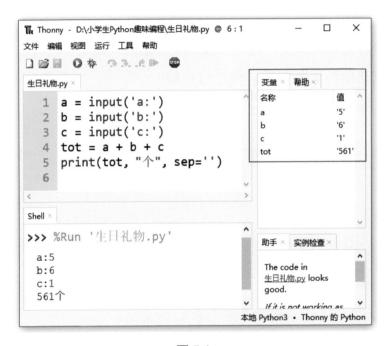

图 5.1

原来，输入的 5，6，1 被 input( ) 函数接收后返回了字符串 '5', '6', '1'。如何处理因数据类型不正确而引发的运行结果不符合题意的问题？使用数据类型"转换"函数。例如，int( ) 函数可以将整数形式的字符串"转换"为整数。

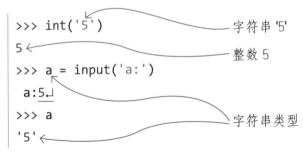

```
>>> a = int(a)
>>> a
5
>>> a = int(input('a:'))
 a:5↵
>>> a
5
```
整数类型

整数类型

使用了 int( ) 函数后，程序如下。

```
1  a = int(input('a:'))  # 输入a，并"转换"为整型
2  b = int(input('b:'))  # 输入b，并"转换"为整型
3  c = int(input('c:'))  # 输入c，并"转换"为整型
4  tot = a + b + c  # 求和
5  print(tot, "个", sep='')  # 输出总个数
```

运行结果

a:5↵

b:6↵

c:1↵

12 个

 小知识

在 Python 中，整数类型、浮点数类型可以统称为数字类型，或者说数字由整数、浮点数等构成。

数字 5 是整型，数字 5.0 是浮点型（也称为实型），文本 '5'、"5"、'5.0' 是字符串，它们之间可以转换。

int(x)，将 x "转换" 为整数，x 可以是整数、浮点数或整数形式的字符串。

> float(x)，将 x "转换" 为浮点数，x 可以是整数、浮点数或整数、浮点数形式的字符串。
>
> str(x)，将 x "转换" 为字符串，x 可以是整数、浮点数等。

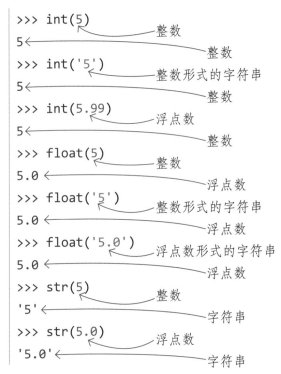

```
>>> int(5)
5
>>> int('5')
5
>>> int(5.99)
5
>>> float(5)
5.0
>>> float('5')
5.0
>>> float('5.0')
5.0
>>> str(5)
'5'
>>> str(5.0)
'5.0'
```

从本质上看，int('5') 是调用 int 类的构造函数，以字符串 '5' 为参数创建了一个整型对象（实例）。float(5) 是调用 float 类的构造函数，以整数 5 为参数创建了一个浮点数对象（实例）。str(5.0) 是调用 str 类的构造函数以浮点数 5.0 为参数创建了一个字符串对象（实例）。

 小·知·识

实例就是对象，对象就是实例，只是表述方式不同而已。

因此，可以说 int( )、float( )、str( ) 函数实现的数据类型的"转换"，是"假"转换不是"真"转换。转换时，以原对象为参数创建了一个新的对象，原对象的数据类型保持不变。

```
>>> pi = 3.1415926   ←        变量 pi "指向" 了浮点数对象
>>> int(pi)   ←
3                             创建了一个整型对象
>>> pi   ←
3.1415926                    原对象的数据类型保持不变，还是
                             浮点数
```

英汉小词典

int [ɪnt]　整数

float [fləʊt]　浮点数

str [str]　字符串，string 的缩写

动动脑

1. 已知 n = 10，将整型 n "转换" 为字符串 '10' 的语句是 (　　　)。

　　A. str(n)　　　　　　　　　　B. int(n)

　　C. float(n)　　　　　　　　　D. print(n)

2. 阅读程序，写注释和运行结果。

```
1  r = input()            # _____
2  r = float(r)           # _____
3  s = 3.14 * (r ** 2)    # _____
4  s = int(s)             # _____
5  print('s='+str(s))     # _____
```

输入 1: 1　　　　　　　　　　　输入 2: 10

输出 1: _____　　　　输出 2: _____

3. 根据题意，编写程序。

　　一个人的身高会受到遗传因素的影响，根据父母的身高可以预测孩子未来的身高，这个预测的身高称为遗传身高，计算公式如下（以下单位均为厘米）。

男孩子的遗传身高 =（父亲的身高 + 母亲的身高 +13）÷ 2

女孩子的遗传身高 =（父亲的身高 + 母亲的身高 −13）÷ 2

输入父亲、母亲的身高，输出男孩子、女孩子的遗传身高。输入的数据分两行，第一行输入父亲的身高，第二行输入母亲的身高。输出的数据分两行，第一行输出男孩子的遗传身高，第二行输出女孩子的遗传身高。输入、输出的数据均为浮点数。

第 6 课　工厂的时钟

——取模运算符

　　在风之巅玩具厂上班的工人每个工作日需要工作 8 小时。为了方便工人的上下班，每个车间都有一个特制的钟表，这个钟表的表盘被平均分成了 8 个大格，从正上方起的每个刻度线上，按顺时针标有数字 0～7，钟表只有一个指针，每小时指针走一大格，走一圈正好是 8 小时。

　　后来，工厂实行弹性上下班制度，不规定上班时间，也不规定工作时间。有一天，尼克的叔叔来上班时，钟表的指针正好指向 6（如图 6.1 所示），他工作了 x（x 为整数）小时后下班了，请问他下班时指针指向几？

请你编程，算一算。

图 6.1

　　计算尼克的叔叔工作 x 小时后，时钟的指针指向几？可以先用几组数据算一算。

尼克叔叔的工作时间 x	时钟的指针指向几？	
	猜想	正确答案
1 小时	6+1=7?	
2 小时	6+2=8 8−8=0?	
3 小时	6+3=9 9−8=1?	

尼克的叔叔工作 3 小时后，时钟的指针指向 1，你是怎么算出来的？是不是通过算式 6+3-8=1，得到的结果？如果 6+x 的值等于或大于 8 时，那么就把求出来的结果再减去 8，这样的算法，对吗？

如果这样的算法不对，我们是否能找到一个反例？例如，尼克的叔叔工作 11 小时后，时钟的指针指向几？ 6+11-8=9，时钟的指针可以指向 9？显然是不对的。

因此，当 6+x 的值大于 8 时，用减去 8 的方法是不正确的，正确的方法是使用求模运算符 %。

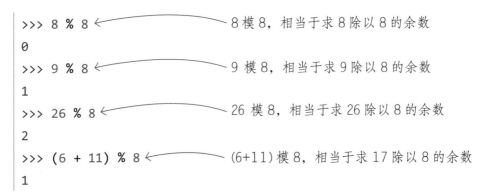

```
>>> 8 % 8          8 模 8，相当于求 8 除以 8 的余数
0
>>> 9 % 8          9 模 8，相当于求 9 除以 8 的余数
1
>>> 26 % 8         26 模 8，相当于求 26 除以 8 的余数
2
>>> (6 + 11) % 8   (6+11) 模 8，相当于求 17 除以 8 的余数
1
```

小·知·识

当求模运算符 % 两边的操作数都是正整数时，求模运算符 % 就是求余运算符。

根据编写程序的 IPO 方法，本课的解题思路描述为：

1. 输入 x 的值并转换为整型。
2. 处理：求出 (6 + x) % 8 的值。
3. 输出处理后的值。

根据解题思路，写出程序。

```
1  x = int(input('x='))
2  x = (6 + x) % 8
3  print(x)
```

运行结果

x=11↵

1

求模运算符 % 有时会和整除运算符 // 结合使用，解决数位分离等问题。例如，可以利用求模运算符和整除运算符求出一个三位数的百、十、个位上的数字各是多少。

```
>>> n = 123
>>> n // 100          求出百位上的数字
1
>>> n // 10           去掉个位上的数字
12
>>> (n // 10) % 10    求出十位上的数字
2
>>> n % 100           去掉百位上的数字
23
>>> (n % 100) // 10   求出十位上的数字
2
>>> n % 10            求出个位上的数字
3
```

动动脑

1. 同学们按指定的顺序排队去研学，每 16 个人一排，要知道第 x 个人是第几排的，下列哪一种方法可以实现？（　　　）

A. x // 16　　　　　　　　　　B. (x-1) // 16 + 1

C. x % 16　　　　　　　　　　D. (x-1) % 16 + 1

2. 阅读程序，写注释和运行结果。

```
1   n = 2
2   n2 = ''                    # _____
3   r = n % 2                  # _____
4   n2 = str(r) + n2           # _____
5   n = n // 2                 # _____
6   r = n % 2
7   n2 = str(r) + n2
8   n = n // 2
9   print(n2)                  # _____
```

输出：_____

3. 根据题意，编写程序。

有一计时器总是以"时 : 分 : 秒"的格式来表示经过的时间。输入一个经过的时间（总秒数），输出与这个时间相对应的时分秒。例如，输入 121，输出 0:2:1。

提示：将 print( ) 函数的 sep 参数设为 sep=' : ' 后，输出时各个输出项之间的分隔符为冒号，如：

```
>>> print(0, 2, 1, sep=':')
0:2:1
```

第 7 课　小棒总根数

——字符串 split() 方法

狐狸老师偶尔也给一年级小朋友上数学课，上课时他总喜欢采用蒙式教学法——用小棒等教具来帮助小朋友们掌握数字的概念。有一次，他拿了许多小棒，在黑板左边贴上几根，在黑板中间贴上几根，在黑板右边贴上几根，然后让小朋友们数出左、中、右各有多少根，最后计算出一共有多少根小棒。

编写程序，在同一行中输入 3 个整数，分别表示左、中、右小棒的根数，输出小棒的总根数。

例如，输入：2 3 5，则输出：10。输出小棒的总根数，就是将输入的 3 个整数求和后输出。编程思路和第 5 课一样，但输入数据的格式不同。第 5 课中输入的数据，分 3 行输入，每行 1 个整数；而本课是在同一行输入 3 个整数。我们可以先试一下，int( ) 函数能不能把字符串中的 3 个数一次性"转换"成整型？以字符串 '2 3 5' 为例。

```
>>> int('2 3 5')
Traceback (most recent call last):
  File "<pyshell>", line 1, in <module>
ValueError: invalid literal for int() with base 10: '2 3 5'
```

结果是不能。提示的错误信息是"值错误：对于以 10 为基数的 int( ) 函数来说，'2 3 5'是一个无效的字面值"。怎么办呢？要分两步做：第一步，先把字符串 '2 3 5' 分割成 '2'、'3'、'5' 三个字符串；第二步，再把字符串 '2'、'3'、'5' 依次"转换"成整数 2、3、5。

如何才能分割字符串？可以使用字符串对象内容分割的方法 split( )。

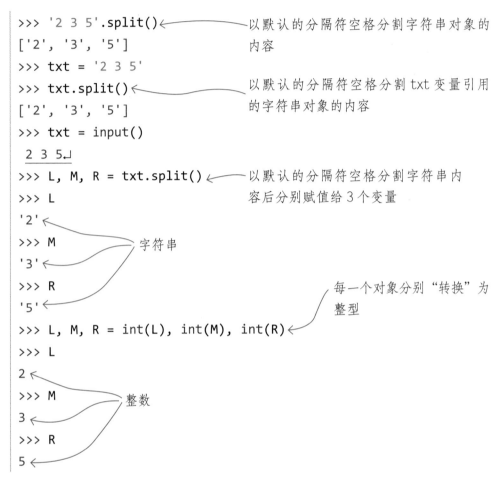

```
>>> '2 3 5'.split()          以默认的分隔符空格分割字符串对象的
['2', '3', '5']              内容
>>> txt = '2 3 5'
>>> txt.split()              以默认的分隔符空格分割 txt 变量引用
['2', '3', '5']              的字符串对象的内容
>>> txt = input()
 2 3 5↵
>>> L, M, R = txt.split()    以默认的分隔符空格分割字符串内
>>> L                        容后分别赋值给 3 个变量
'2'
>>> M                        字符串
'3'
>>> R
'5'                          每一个对象分别"转换"为
                             整型
>>> L, M, R = int(L), int(M), int(R)
>>> L
2
>>> M                        整数
3
>>> R
5
```

本课完整程序如下。

```
1  txt = input()
2  L, M, R = txt.split()   # 分割字符串内容并赋值
3  L = int(L)   # "转换" 为整型
4  M = int(M)
5  R = int(R)
6  tot = L + M + R
7  print(tot)
```

运行结果

2 3 5

10

笼统一点说，一个对象是由属性和方法构成的。属性，是指它是什么；方法，是指它能干什么。属性是描述关于特征的信息，方法是动作。

对象＝属性＋方法

对象名和属性或方法名之间，有个英文的小圆点。这是 Python 使用对象方法和属性时所采用的一种记法，被称为"点写法"，它也被广泛应用在很多编程语言中。如：

'2 3 5'.split( )

txt.split( )

从形式上看，在一个对象的方法后面是有一对英文的圆括号的，而属性的后面是没有这个圆括号的。

```
>>> txt = '2 3 5'
>>> '2 3 5'.__class__
<class 'str'>
>>> txt.__class__
<class 'str'>
>>> '2 3 5'.split()
['2', '3', '5']
>>> txt.split()
['2', '3', '5']
```

对象的 __class__ 属性，返回该对象所属的类

分割字符串内容的方法 split()

分割字符串内容的方法 split( ) 可以根据某个符号分割字符串。如果没有指定特定的分隔符，Python 解释器默认会以空格为分隔符，使用格式如下：

字符串对象.split(分隔符)

```
>>> '1949/10/1'.split('/')
['1949', '10', '1']
>>> time = input().split(':')
 8:30:15↵
>>> time
```

以分隔符"/"分割字符串

以分隔符":"分割字符串

```
['8', '30', '15']
>>> type(time)
<class 'list'>
```

返回变量 time 引用的对象的类型

一个字符串对象使用 split( ) 方法分割后，得到了一个列表（list）类型的对象。在上面的代码中，变量 time 引用的对象如图 7.1 所示。

图 7.1

在形式上，列表中的所有元素放在一对方括号 [] 中，相邻元素之间用英文半角逗号分隔。同一个列表中各个元素的数据类型可以相同，也可以各不相同。列表元素的类型可以是整数、浮点数、字符串、列表等。

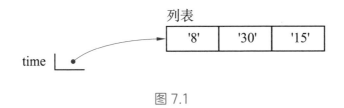

小知识

列表（list）可以用 [] 定义，也可以用 list( ) 函数创建。[] 是列表的界定符。

```
>>> lst = []
>>> lst
[]
>>> lst = [2, 5, 7, 11, 13]
>>> lst
[2, 5, 7, 11, 13]
>>> list('Python')
['P', 'y', 't', 'h', 'o', 'n']
>>> date = ['尼克', 12, 1.49]
>>> date
['尼克', 12, 1.49]
>>> type(date)
<class 'list'>
```

定义了一个空列表

直接用 [] 定义列表

将字符串"转换"为列表

列表中元素的数据类型可以不相同

字符串 整数 浮点数

返回变量 date 引用的对象的数据类型

如果将 list(列表) 视为类，那么 list('Python') 则是调用了 list 类的构造函数，以字符串 'Python' 为参数创建了一个实例（列表对象）。

英汉小词典

split [splɪt]　使分开（成为几部分）

list [lɪst]　列表

动动脑

1. 在 shell 窗口的提示符 >>> 后面输入 '20:28:10'.split(':')，按 Enter 键后的运行结果是（　　　）。

A. '20' '28' '10'　　　　　　　　B. [20, 28, 10]

C. ['20', '28', '10']　　　　　　D. 20　28　10

2. 阅读程序，写注释和运行结果。

```
1  a, b = input().split()    # _____
2  a, b = int(a), int(b)     # _____
3  s = a * b
4  print(s)
```

输入 1：5　8　　　　　　　　输入 2：10　20

输出 1：_____　　　　输出 2：_____

3. 根据题意，编写程序。

输出重复某个字符的文本。同一行输入两个数，第一个数为字符 a，第二个数为整数 n，两个数之间以空格分隔。输出仅一行，内容为 2n 个 a。例如，输入：* 5，则输出：**********。

第 8 课　身份证号码
——有序序列的正向索引与切片

身份证号码是我国公民的唯一识别码，它由 18 位数字或字母组成（字母只可能在最后一位上）。18 位身份证号码包含特定的含义，第 1～6 位为省、市、县行政编码信息，第 7～14 位为出生年月日，第 15～17 位为顺序号，第 18 位为校验码。

> 输入一个 18 位的身份证号码，提取出生日期，并按"××××年××月××日"的格式输出。例如，输入：110108202107013029，则输出：2021 年 07 月 01 日。

根据编写程序的 IPO 方法，本课的解题思路初步描述如下。

第一步，输入一个 18 位的身份证号码。

第二步，提取出第 7～14 位的出生年月日。

第三步，按"××××年××月××日"格式输出。

解决这个问题的关键是如何从输入的字符串中提取出生日期。在解决这个问题之前，我们先学习一下字符串、列表等数据类型对数据的组织方式。

字符串是不可变的有序序列，列表是可变的有序序列。这里有几个重点词：序列、有序、不可变与可变。

Python 中的序列属于容器类结构，可以包含大量数据。3.14、256 等数字就不是序列，但可以作为序列的元素。

有序，是指数据元素存在先后关系，即有排在第一个位置的元素，也有排在最后一个位置的元素，除第一个和最后一个元素之外，其他元素都是首尾相接（或者说，除第一个元素之外，均有唯一的前驱；除最后一个元素之外，均有唯一的后继）。这里的"有序"，并不是指每个元素要按值的大小升序或降序排列，而是指存在先后顺序的位置关系。

有序序列犹如一辆小火车，每个数据元素就是一节车厢，如图 8.1 所示。在有序序列中，可以用表示位置序号的整数作为索引（下标）去直接访问该序列指定位置上的元素，位置与元素一一对应。

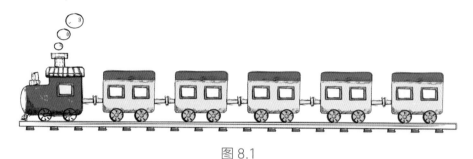

图 8.1

不可变是指对象一旦创建后就不能增加、删除或修改元素，可变是指对象创建后还能增加、删除或修改元素。

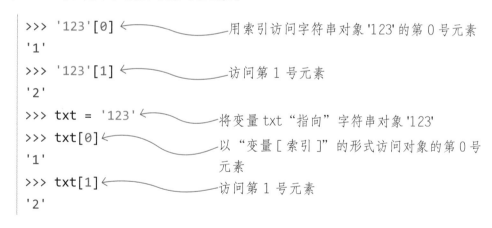

```
>>> '123'[0]          用索引访问字符串对象 '123' 的第 0 号元素
'1'
>>> '123'[1]          访问第 1 号元素
'2'
>>> txt = '123'       将变量 txt "指向"字符串对象 '123'
>>> txt[0]            以 "变量 [ 索引 ]"的形式访问对象的第 0 号
'1'                   元素
>>> txt[1]            访问第 1 号元素
'2'
```

在 Python 中，有序序列的索引是从 0 开始的，这容易在表述时引起歧义，如当有同学说某个有序序列的第 1 个数据时，他到底指的是索引为 0 的那个数据，还是索引为 1 的那个数据呢？为此，我们在表述时，可以在索引的后面加一个"号"字，如第 0 号元素表示索引为 0 的那个数据，第 1 号元素表示索引为 1 的那个数据。提取出身份证号码中的出生日期，就是访问身份证号码这个序列的第 6 号到第 13 号元素，如图 8.2 所示。

图 8.2

```
>>> d = '1101082021070130 29'
>>> print(d[6], d[7], d[8], d[9], d[10], d[11], d[12], d[13])
 2 0 2 1 0 7 0 1
```

使用索引访问字符串对象的第 6 号到第 13 号元素，提取出生日期，程序如下。

```
1  d = input()
2  txt = d[6] + d[7] + d[8] + d[9] + '年'   # ××××年
3  txt = txt + d[10] + d[11] + '月'   # ××××年××月
4  txt = txt + d[12] + d[13] + '日'   # ××××年××月××日
5  print(txt)
```

运行结果

1101082021070130 29↵

2021 年 07 月 01 日

提取出生日期时，以"变量 [索引]"的形式分 8 次逐个访问序列中第 6 号到第 13 号元素，那有没有一种办法可以一次性获得有序序列中的一部分元素？答案是有，是切片。

有序序列的切片就是从原序列中"切分"出小的子序列。

```
>>> d = '1101082021070130 29'
>>> d[6:13]          ← "切"出第 6 号至第 12 号元素
'2021070'
>>> d[6:14]          ← "切"出第 6 号至第 13 号元素
'20210701'
```

冒号前面的索引，表示切片开始的位置。冒号后面的索引，表示切片结束位置，不过后面这个索引对应的元素并不进入切片。

怎样才能更好地理解"切片"操作？以 d[6:14] 为例，在变量 d 引用的字符串对象的第 6 号元素前面（左侧）"切"上一刀，再在该对象的第 14 号元素前面（左侧）"切"上一刀，中间部分就是切片所产生的结果，如图 8.3 所示。

索引	0	1	2	3	4	5		6	7	8	9	10	11	12	13		14	15	16	17	
有序序列 '	1	1	0	1	0	8		2	0	2	1	0	7	0	1		3	0	2	9	'

图 8.3

需要注意的是，切片操作也不是真的"切"，而是假的"切"，切片只是比照着索引在原序列中所对应的元素，重新创建了一个序列，原序列的内容保持不变。

 小知识

Python 中所有基于范围的语法都遵循"前闭后开"原则，包含起始索引的元素，不包含结束索引的元素。这个规则不需要死记硬背，只需要想一想切片的操作过程，在谁和谁的前面"切"一刀，"切"出来的是哪些。

使用字符串切片提取出生日期，程序如下。

```
1  d = input()
2  txt = d[6:10] + '年'  # "切"出第6号至第9号元素
3  txt = txt + d[10:12] + '月'  # "切"出第10号至第11号元素
4  txt = txt + d[12:14] + '日'  # "切"出第12号至第13号元素
5  print(txt)
```

运行结果

110108202107013029↵

2021 年 07 月 01 日

列表也是有序序列，因此也可以通过索引、切片等操作访问列表中的元

素。而且列表是可变的有序序列，所以还能通过索引、切片等操作修改列表中的元素。

```
>>> txt = 'CLASS'              ← 变量 txt"指向"字符串对象
>>> txt                          'CLASS'
'CLASS'
>>> lst = list(txt)            ← 以变量 txt 引用的对象为参数
>>> lst                          创建列表，并赋值给变量 lst
['C', 'L', 'A', 'S', 'S']
>>> lst[0] = 'c'               ← 修改 lst 引用的列表的第 0
>>> lst        修改后变成小写字母 c    号元素
['c', 'L', 'A', 'S', 'S']
>>> lst[1:] = ['l', 'a', 's', 's']    修改列表，第 1 号元素到最
>>> lst                               后一个元素重新赋值
['c', 'l', 'a', 's', 's']
```

字符串是不可变有序序列，数据元素是不可修改的，如果通过索引等操作去修改字符串对象的某个元素的值，那么 Python 解释器是要报错的。

```
>>> txt[0] = 'c'
  Traceback (most recent call last):
    File "<pyshell>", line 1, in <module>
  TypeError: 'str' object does not support item assignment
```

提示的错误信息是"类型错误：字符串对象不支持元素赋值"。因为字符串是不可修改的，所以通过赋值操作修改字符串的元素是不允许的。但是可以对这个字符串对象进行切片、连接等操作，生成新的字符串对象，达到修改文本的目的。

```
>>> txt1 = '字符串是可修改的'  ← 变量 txt1 引用了字符串对象
>>> txt1
'字符串是可修改的'              连接
>>> txt2 = txt1[0:4] + '不' + txt1[4:8]
>>> txt2                         切片
'字符串是不可修改的'
                                 已修改
```

动动脑

1. 已知 c=' 红橙黄绿青蓝紫 ', 那么 c[3] 的值是 (　　　)。

    A.'红'　　　　　　B.'黄'　　　　　　C.'绿'　　　　　　D.'青'

2. 阅读程序, 写注释和运行结果。

```
1  txt1 = '零壹贰叁肆伍陆柒捌玖'
2  txt2 = '0123456789'
3  num = input().split()      # _____
4  n = int(num[0])            # _____
5  m = int(num[1])            # _____
6  print(txt1[n])             # _____
7  print(txt1[m])             # _____
8  print(txt2[n:m])           # _____
9  print(txt1[n:m])           # _____
```

输入 1: 1 3　　　　　　　　　　输入 2: 5　9

输出 1: _____　　　　输出 2: _____

3. 根据题意, 编写程序。

春有百花秋有月, 夏有凉风冬有雪。

请用一个变量保存这句诗, 并运用有序序列的索引输出"春""夏""秋""冬", 运用有序序列的切片操作输出"百花"和"冬有雪"。

第 9 课 取 盘 子
——有序序列的反向索引与切片

食堂里，阿姨把洗好的盘子消毒后叠放起来，供同学们取用。最先洗好的盘子叠放在最底下，最后洗好的盘子叠放在最上面，同学们取的时候总是从最上面取盘子。

给每个盘子编一个互不相同的号码，按盘子叠放顺序输入盘子编号，试问第一个取出的盘子编号是多少？

输入 1：1 2　　　　　　输入 2：512 64 1 1024 256

输出 1：2　　　　　　　输出 2：256

输入 1 表示有 2 个盘子，按 1，2 的顺序叠放盘子，则最先取出的是 2 号盘子。输入 2 表示有 5 个盘子，按 512，64，1，1024，256 的顺序叠放盘子，最先取出的是 256 号盘子，如图 9.1 所示。

根据编写程序的 IPO 方法，本课的解题思路描述如下。

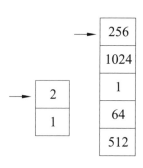

图 9.1

第一步，按叠放顺序输入盘子的编号。

第二步，找到最后一个叠放的盘子编号。

第三步，输出找到的编号。

要解决这个问题需要思考以下两个问题。

（1）用什么样的数据类型保存输入的所有盘子的编号？

（2）如何找到最后叠放的盘子编号？

盘子的数量有许多，每个盘子都有一个编号，输入编号时存在先后关系，有第一个输入的编号，也有最后一个输入的编号。输入的所有盘子的编号是一个有序序列，因此可以用字符串或列表来存储。

究竟是用字符串，还是用列表存储呢？那先思考一下，用哪种数据类型处理起来更方便？盘子的编号是整数，可以是一位整数、两位整数或多位整数。字符串对象中每个元素的长度都是 1，用索引访问元素时，一次只能访问某个位置上的某个文本，当编号的数位是多位时就要进行多次索引或切片，不太方便。如果采用列表存储，每个元素可以是字符串、整数等，可以用索引访问某个位置上任意长度的字符串或任意长度的一个整数。因此用列表更方便。

此时，"找到最后一个叠放的盘子编号"这一问题就可以转化为"如何在列表中找到最后一个元素"。

```
>>> lst1 = [1, 2]
>>> lst1[1]          长度为 2 时，最后一个元素的索引为 1
2
>>> lst2 = [512, 64, 1, 1024, 256]
>>> lst2[4]          长度为 5 时，最后一个元素的索引
256                     为 4
>>> lst3 = input().split()
 512 64 1 1024 256↵
>>> lst3
['512', '64', '1', '1024', '256']
>>> lst3[4]
'256'
```

如何确定列表最后一个元素的索引，成为解决这个问题的关键子问题。

如果列表的长度为 2，那么最后一个元素的索引为 1。如果列表的长度为 5，那么最后一个元素的索引为 4。每次输入的盘子个数是不确定的，因此列表的长度也是不确定的，无法用一个确定的正整数表示列表的最后一个元素的索引。但最后一个元素的索引总是比列表的长度少 1。只要知道列表的长度，就可以求出最后一个元素的索引。

```
>>> len([1, 2])          len() 可以用来计算序列中元素
2                              （成员）的个数
>>> len([512, 64, 1, 1024, 256])
5                     是小写字母 l，不是数字 1
```

用内置函数 len( ) 求出列表的长度（元素个数），最后一个元素的索引为 len( )-1。程序如下。

```
1  lst = input().split()  # 以默认分隔符空格分割输入的数据，并返回列表
2  n = len(lst)  # 求出元素个数
3  print(lst[n-1])  # 输出最后一个元素
```

运行结果

1 2↵

2

len( ) 函数返回的是序列中元素（成员）的个数，它可以返回列表的成员个数，也可以返回字符串的成员个数。

小知识

Python 3.x 源程序文件，默认使用 UTF-8 编码格式。计算字符串长度时，无论是一个数字、一个英文字母，还是一个汉字，都按一个字符对待和处理。

```
>>> txt1 = '一二三'           汉字
>>> len(txt1)
3
```

```
>>> txt2 = 'a12'
>>> len(txt2)
3
```

英文字母、数字

对于有序序列最后一个元素的索引，无法用一个固定的正整数表示，那可不可以用一个固定的负整数表示呢？在 Python 中，有序序列支持反向索引，可以用负整数作为索引的编号。列表 lst3 的正向、反向索引如图 9.2 所示。

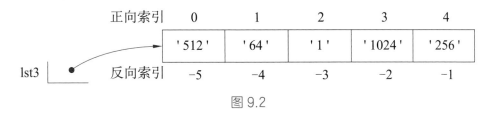

图 9.2

```
>>> lst3 = ['512', '64', '1', '1024', '256']
>>> lst3[-1]
'256'
>>> lst3[-2]
'1024'
>>> lst3[-5]
'512'
```

表示有序序列的最后一个元素

表示有序序列的倒数第 2 个元素

表示有序序列的倒数第 5 个元素

使用列表的反向索引后，本课的程序如下。

```
1  lst = input().split()
2  print(lst[-1])
```

运行结果

512 64 1 1024 256↵

256

切片也是支持反向索引的。为了更好地使用反向索引进行切片操作，我们先学习一下切片的使用方法。

> 有序序列 [头索引 : 尾索引 : 步长]
>
> 头索引：表示开始的索引。如果是从第 0 号元素开始，可以省略。
>
> 尾索引：表示结束的索引（切片中不含此索引对应的元素）。如果是最后一个字符结束（含最后一个），可以省略。
>
> 步长：默认为 1，可以是正整数，也可以是负整数。

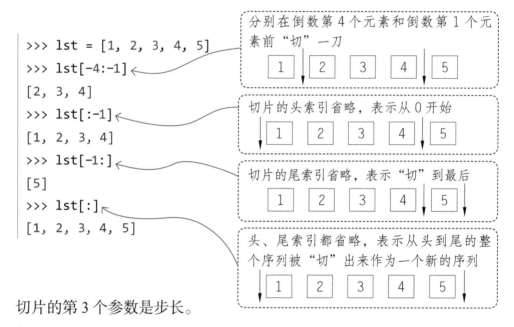

```
>>> lst = [1, 2, 3, 4, 5]
>>> lst[-4:-1]
[2, 3, 4]
>>> lst[:-1]
[1, 2, 3, 4]
>>> lst[-1:]
[5]
>>> lst[:]
[1, 2, 3, 4, 5]
```

分别在倒数第 4 个元素和倒数第 1 个元素前"切"一刀

切片的头索引省略，表示从 0 开始

切片的尾索引省略，表示"切"到最后

头、尾索引都省略，表示从头到尾的整个序列被"切"出来作为一个新的序列

切片的第 3 个参数是步长。

> 当步长为正整数时，相当于"站在"有序序列的左侧，从左往右看序列中的每个元素，此时"左为前右为后"，切片时在元素的左侧"切"，"前闭后开"相当于"左闭右开"。
>
> 当步长为负整数时，相当于"站在"有序序列的右侧，从右往左看序列中的每个元素，此时"右为前左为后"，切片时在元素的右侧"切"，"前闭后开"相当于"右闭左开"。

例如，切片 lst[4:0:-1] 的效果如图 9.3 所示。

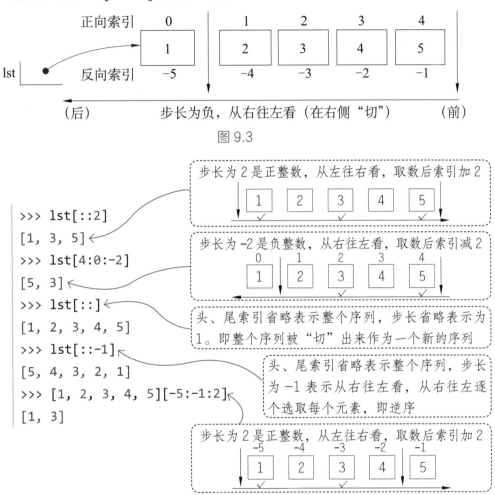

图 9.3

索引、切片是有序序列的重要操作，非常有用，学好它，将会事半功倍。

 英汉小词典

len [len]　长度，length 的缩写

动动脑

1. 已知 c=' 红橙黄绿青蓝紫 '，那么 c[-3] 的值是 (　　　)。

A.' 紫 '　　　　B.' 蓝 '　　　　C.' 青 '　　　　D.' 绿 '

2. 阅读程序，写注释和运行结果。

```
1  txt = '0123456789ABCDEF'
2  num = input().split()        # _____
3  L = int(num[0])              # _____
4  R = int(num[1])              # _____
5  print(txt[L], txt[R])        # _____
6  print(txt[L:])               # _____
7  print(txt[:R])               # _____
8  print(txt[::-1])             # _____
```

输入 1：10　 −1　　　　　输入 2：−4　 −2

输出 1：_____　　输出 2：_____

3. 根据题意，编写程序。

为了个人的信息安全，在显示个人敏感信息如身份证号码、电话号码等时需要隐藏部分内容。输入某人的身份证号码或电话号码等信息，隐藏最后 4 位后再输出。如输入 13099991234，则输出 1309999****。

第 10 课 "星"运算

——多态

加、减、乘、除是小学数学中最基本的四则运算,现在尼克同学在此基础上又定义了一种新运算——"星"运算,运算符为"*",运算规则是: $a*b = a \times b \times (b+1) \div 2$。例如,5"星"3 的结果为 $5*3 = 5 \times 3 \times (3+1) \div 2 = 30$。

在同一行输入 2 个整数 a 和 b,输出 a"星"b 的结果。

根据编写程序的 IPO 方法,本课的解题思路初步描述如下。

第一步,输入 a,b 的值。

第二步,处理:将 a,b 的值"转换"成整型,并按"星"运算的规则进行计算。

第三步,输出计算结果。

完整的程序如下。

```
1   txt = input('a,b=').split()
2   a = int(txt[0])
3   b = int(txt[1])
4   ans = a * b * (b + 1) // 2   # b*(b+1)必为偶数, //为整除运算符
5   print(ans)
```

运行结果

a,b=5 3↵
30

这个问题中的"*"号，是自定义的"星"运算符，不是编程语言中的乘号。其实，在 Python 中，"*"并不仅仅是一个乘号，它像一条"变色龙"一样，在不同类型的对象中使用时具有不同的含义，表现出不同的行为，呈现出多种"状态"，即多态。

 小知识

面向对象程序设计语言的三大特征是封装、继承和多态。

在两个数字对象中使用时，"*"是乘法操作符。

```
>>> 16 * 2          数字，乘法
32
```

在有序序列对象与整型对象的中间使用时，"*"是序列重复操作符。

```
>>> '1111' * 4        字符串，重复
'1111111111111111'
>>> [0] * 10          列表，重复
[0, 0, 0, 0, 0, 0, 0, 0, 0, 0]
```

在 print() 函数中，如果输出项是字符串或列表等组合数据时，那么在输出的对象前面加上"*"号，输出时按序列解包输出。

```
>>> print(*'1234')      序列解包
 1 2 3 4
>>> print(*[1, 3, 4, 5])
 1 3 4 5              序列解包
```

在对多变量同时赋值时，如果赋值号左侧变量的数量与赋值号右侧值的数据数量不相同时，可以在某个变量前加"*"号，加"*"号的变量被赋值为含有多个元素的列表。

```
>>> *a, b = 1, 2, 3, 4       除最后一个外的所有数据都
>>> a                        赋值给 a
           列表
[1, 2, 3]
>>> a, *b = 1, 2, 3, 4       除第 1 个外的所有数据都赋
                             值给 b
```

```
>>> a
1
>>> b          ←————————— 列表
[2, 3, 4]
>>> a，*b, c = 1, 2, 3, 4, 5
>>> a          ————————— 将 b 赋值为序列的中间部分
1
>>> b          ←————————— 列表
[2, 3, 4]
>>> c
5
```

"+"运算符在不同类型的对象中，也具有不同的含义。如果"+"左右两边是数字对象，那么它是加法运算符。如果"+"左右两边是字符串、列表等序列对象，那么它是连接（拼接）运算符。

```
>>> 9 + 6          ————————— 数字，加法
15
>>> '9' + '6'      ————————— 字符串，连接
'96'
>>> lst1 = [9, 8, 7] + [6]   ————————— 列表，连接
>>> lst1
[9, 8, 7, 6]
>>> lst1[0] + lst1[-1]       ————————— 整数，加法
15
```

运算符在不同类型的对象中具有不同的含义，这种现象称为运算符重载。

动动脑

1. 运行下列代码，输出结果是（　　　）。

```
1  x = float(10) + 1
2  y = str(10.0) + '1'
```

```
3  print(x, y)
```

    A. 11 11.0   B. 11.0 10.01   C. 111 10.01   D. 11.0 11.0

2. 阅读程序，写注释和运行结果。

```
1  lst = [0] * 3              # _____
2  lst[1] = lst[0] + 1        # _____
3  lst[2] = lst[1] * 2        # _____
4  lst = lst + [3, 4]         # _____
5  lst = [-2, -1] + lst       # _____
6  print(*lst)                # _____
```

输出：_____

3. 根据题意，编写程序。

有些符号，在不同的学科中会表达不同的含义，呈现出多种"状态"。比如，在数学中，两个大于号称为远大于号，1000>>1 表示 1000 远大于 1；在 Python 等许多编程语言中，两个大于号 >> 称为右移位运算符，两个小于号 << 称为左移位运算符。

```
>>> 1 << 1 ←————————— 左移 1 位，相当于乘以 2，即 1*(2**1)
2
>>> 1 << 2 ←————————— 左移 2 位，相当于乘以 4，即 1*(2**2)
4
>>> 1 << 3 ←————————— 左移 3 位，相当于乘以 8，即 1*(2**3)
8
>>> 5 >> 1 ←————————— 右移 1 位，相当于整除 2，即 5//(2**1)
2
>>> 5 >> 2 ←————————— 右移 2 位，相当于整除 4，即 5//(2**2)
1
>>> 5 >> 3 ←————————— 右移 3 位，相当于整除 8，即 5//(2**3)
0
```

同一行输入 2 个以空格分隔的整数 a 和 n，分两行依次输出 a 左移 n 位和右移 n 位后的值。

单 元 检 测

一、选择题

1. 下面有关 input( ) 的说法，正确的是（   ）。

   A. 不可以将变量命名为 input，因为已有名为 input 的函数存在

   B. 不可以将变量命名为 input，因为 input 是关键字

   C. 可以将变量命名为 input，不影响 input( ) 函数的使用，因为一个是
      函数，一个是变量，不会冲突

   D. 可以将变量命名为 input，但 input( ) 函数将不能使用

2. 以下选项对 Python 注释描述错误的是（   ）。

   A. 注释用于解释代码原理或者用途

   B. 注释可以辅助程序调试

   C. 注释语句的数量影响程序执行效率

   D. Python 程序单行注释也可以使用一对三引号

二、阅读程序，写运行结果

```
1  a = 1 + 2
2  print(a)
3  print(a*3)
4  b = '1' + '2'
5  print(b)
6  print(b*3)
```

输出：_____

```
1  c = ['red', 'green', 'blue', 'black']
2  n = int(input())
3  print(c[n%4])
```

输入 1: 3   输入 2: 20

输出 1: _____   输出 2: _____

```
1  txt = input().split(',')
2  lst = txt[::]
3  print(lst[::2])
4  print(lst[1:3])
5  print(lst[0]*2)
6  print(lst[-1]+lst[-2])
```

输入 1: 1,2,3,4,5   输入 2: s,c,r,a,t,c,h

输出 1: _____   输出 2: _____

三、根据题意，编写程序

1. 有一个长方形，长为 10 米，宽为 4 米，这个长方形的面积是多少平方米？只输出数值，不用输出单位。

2. 在动画中，1 张静态的图片称为 1 帧。一个个连续的"帧"快速切换就形成了一段动画。某个动画制作软件默认每秒播放 30 帧，请问用该软件制作 x 小时的帧动画，需要多少张图片。

输入小时数（浮点数），输出图片的张数（整数）。

3. 尼克最近正在研究小三角形层数与个数的关系，第 3 题图中的每个图都是由若干个小三角形组成的。

1层   2层   3层

第 3 题图

层数	1	2	3	……	n
小三角形总个数	1	4	9	……	?

输入三角形的层数，输出小三角形的总个数。

4. K20 路公交车是一趟准环形公交车，从风之巅小学出发，途经老牛宅、大马场、小羊屋、鸡鸣岗、雁子村 5 站，又回到出发点风之巅小学，各站点的序号以数字 0～5 或 -1～-6 标记，如第 4 题图所示。

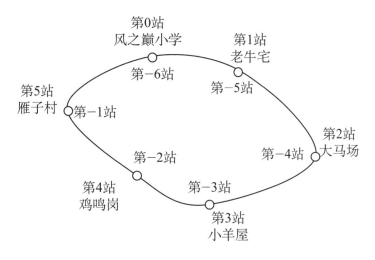

第 4 题图

输入一个 -6～5 的整数，输出对应的站点名称。

输入 1:	输入 2:
2	-5
输出 1:	输出 2:
大马场	老牛宅

5. 如果今天是星期天，那么 1 天后是星期一，2 天后是星期二……如果今天是星期一，那么 1 天后是星期二，2 天后是星期三……

同一行输入两个以空格分隔的整数 d 和 n，第一个整数 d 表示今天是星期几，第二个整数 n 表示天数。输出 n 天后是星期几。

输入 1:	输入 2:
7 2	7 21
输出 1:	输出 2:
星期二	星期天

四、我出题，我们一起做

问题描述：_____

_____

_____

_____

输入：_____

输出：_____

第 2 单元
分支结构

在校园里，经常会提前制定好活动预案，以便根据不同的天气情况而开展不同活动。例如，如果下雨了，那么大课间时，同学们就在教室里做室内操；否则，同学们就到操场上做广播体操。

在编程中，也有类似的流程控制语句。如果某个条件满足时，那么就会执行某个特定的操作；否则，就不执行该操作或执行其他操作，这就是分支语句。

第11课 健康监测

——单分支结构 if

发烧是人体免疫力的一种表现，细菌、病毒等侵入人的身体，会使人的体温升高，体温过高或长期发热会引起抽筋、抽搐，甚至危及生命，每天做好健康监测十分有必要。如果体温超过 37.3℃，那么就可以判定为发烧了，需要及时就医。

输入某个人的体温，如果超过 37.3℃，那么就输出"发烧"。

输入 1：38.1　　　　　　　　输入 2：37.1

输出 1：发烧　　　　　　　　输出 2：

本课的解题思路初步描述如下。

第一步，输入体温。

第二步，根据输入体温的高低作出判断：

如果　　体温超过 37.3　　**那么**

输出：发烧

解决这个问题的关键是学会"如果……那么……"这种关于流程控制的单分支结构 if 语句（也称为条件语句）的使用方法。

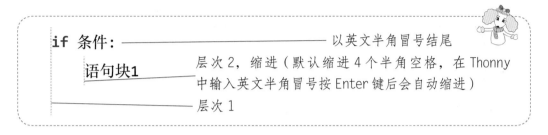

若条件成立，执行语句块 1；若条件不成立，则跳过该语句块 1，执行与 if 同一层次的下一条语句，如图 11.1 所示。

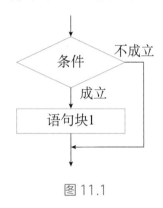

图 11.1

Python 解释器按怎样的标准来判定"条件"成立或不成立？

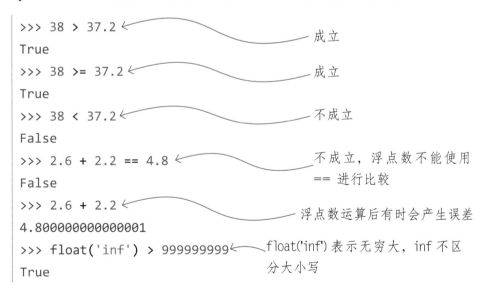

>、<、== 等运算符称为比较运算符或关系运算符，常用的比较运算符如表 11.1 所示。

表　11.1

运算符	>	>=	<	<=	==	!=
名称	大于	大于或等于	小于	小于或等于	等于	不等于

　　用比较运算符比较对象的大小时，两个对象之间必须是可比较的，如整数与整数、浮点数与浮点数、浮点数与整数。比较后的返回值是一个 bool（布尔）类型的对象，它的值只有 True（逻辑真，简称为真）、False（逻辑假，简称为假）两种情况。True、False 是保留字，首字母大写，可以简单地将 True 理解为 1，将 False 理解为 0。

　　当 Python 解释器对 if 语句的"条件"进行计算后，它的值若是 True 或与 True 等价的值时，就认为"条件"成立；它的值若是 False 或与 False 等价的值时，就认为"条件"不成立。

小·知·识

　　这个"条件"用编程中的专业术语表述就是表达式。

　　运用关系运算符比较对象大小的式子，称为关系表达式。两个数字对象可以运用关系运算符比较大小，两个字符串对象也可以运用关系运算符比较大小。

```
>>> '37.5' >= '36.0'          逻辑真，两个字符串的第 1 号元素比较
True                          时，左边的 '7' 大于右边的 '6'
>>> '9' <= '36.10'            逻辑假，两个字符串的第 0 号元素比较
False                         时，左边的 '9' 大于右边的 '3'
>>> 'hi' != 'HI'              逻辑真，两个字符串的第 0 号元素比较
True                          时，左边的 'h' 不等于右边的 'H'
```

　　在各种程序设计高级语言中，比较英文大小写字母、数字字符 0～9 等字符时，是直接或间接按字符 ASCII 码值大小进行比较的。字符的 ASCII 码见附录 C（部分字符的 ASCII 码值如表 11.2 所示）。

表 11.2

字符	0	1	9	A	B	Z	a	b	z
ASCII 码值	48	49	57	65	66	90	97	98	122

从附录 C 中可以发现 ASCII 的一些编码规律。

（1）数字字符 0～9 排在大写字母和小写字母的前面，数字字符按 0～9 的顺序依次编码。

（2）大写字母整体排在小写字母的前面，大写字母按 A～Z 的顺序依次编码。

（3）小写字母也按 a～z 的顺序依次编码。

当比较两个字符串对象的大小时，Python 解释器按每个元素的编码大小依次进行比较。先比较两个字符串的第 0 号元素，如果能够分出大小就结束，如果不能分出大小就继续比较第 1 号元素，一直到分出大小为止。例如，'100'<'2' 的"比较"结果为 True，因为小于号左边字符串的第 0 号元素 '1' 的 ASCII 码值为 49，小于号右边字符串的第 0 号元素 '2' 的 ASCII 码值为 50，49<50，所以"比较"结果为 True。

如果两个字符串长度相同，且所有索引对应的字符都相同，则认为两个字符串相等。如果两个字符串长度不相同，但短字符串中所有索引对应的字符都与长字符串相同，则认为短字符串为小，长字符串为大。

小知识

两个字符串在利用 >、<、== 等关系运算符比较时，如果相比较的两个字符串只含字母、数字等英文字符，这种比较可称为按字典序比较。基于字典序比较的规则可以描述为：字典序更小或字典序更靠前。但是，相比较的两个字符串中含有中文字符，该种比较就不能说是按字典序进行比较，只能说按元素的编码大小进行比较，因为 Python 3.x 所采用的编码系统，中文字符不是按音序排列的。两个中文字符串要实现按音序比较，不能直接运用 >、<、== 等关系运算符进行比较。

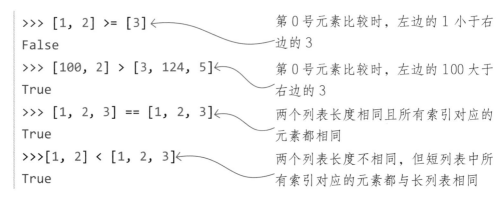

```
>>> 'Python 3.10' == 'Python 3.10'
True
>>> 'Python' < 'Python 3.10'
True
>>>'啊' < '叶'
False
```

两个字符串长度相同，且所有索引对应的字符都相同

两个字符串长度不相同，但短字符串中所有索引对应的字符都与长字符串相同

Python 3.x 所采用的编码系统中，"叶"的码值比"啊"的码值要小

两个列表对象也可以比较大小。当比较两个列表对象的大小时，Python 解释器按每个元素值的大小依次进行比较。

```
>>> [1, 2] >= [3]
False
>>> [100, 2] > [3, 124, 5]
True
>>> [1, 2, 3] == [1, 2, 3]
True
>>>[1, 2] < [1, 2, 3]
True
```

第 0 号元素比较时，左边的 1 小于右边的 3

第 0 号元素比较时，左边的 100 大于右边的 3

两个列表长度相同且所有索引对应的元素都相同

两个列表长度不相同，但短列表中所有索引对应的元素都与长列表相同

本课程序如下。

```
1  t = float(input('体温:'))
2  if t > 37.3:
3      print('发烧')
```
缩进

运行结果

体温 :39↵

发烧

在 Python 中，代码的缩进非常重要，缩进是体现代码逻辑关系的重要方式，同一个代码块必须保证相同的缩进量。有人说：缩进是 Python 的灵魂。

英汉小词典

if [If]　如果；假如

True [truː]　逻辑真（常量，首字母大写）

False [fɔːls]　逻辑假（常量，首字母大写）

拓　　展

字符编码

计算机只认识二进制数字，所有提交给它的东西都要转化为二进制才能被认识。要想让计算机能够处理字符，必须将字符与二进制数字之间建立起对应关系，这种对应关系称为字符编码。

1960 年，美国发布了"美国信息交换标准代码"（ASCII），实现了 10 个数字、26 个大写英文字母、26 个小写英文字母等 128 个字符在计算机中的编码。

世界上还有许多种文字和符号，它们都需要让计算机"认识"自己，于是就有了各种各样的编码，这样就出现了同一个二进制数在不同的编码方案中对应着不同字符的情况，产生"乱码"。为了避免出现"乱码"现象，一种容纳世界上所有文字和符号的字符编码方案应运而生——万国码 Unicode。

Unicode 编码是一种字符集，只规定了各个字符的编号（数字），没有规定各个字符是如何进行存储的，在程序中使用需要转换格式，即将 Unicode 字符集定义的"数字"转换成程序中的"数据"。常用的字符集转换方案有 UTF-8、UTF-16、UTF-32。Python 3.x 采用的是 UTF-8 编码方案。其中 UTF 是英文 Unicode Transformation Format 的缩写，含义为 Unicode 转换格式。

UTF-8 编码是一种"可变长编码"，它把一个 Unicode 字符根据不同的数字大小编码成 1～6 字节。常用的英文字母、数字等字符被编码成 1 字节，编码规则与 ASCII 完全相同。汉字通常是 3 字节，只有很生僻的字符才会被编码成 4～6 字节。

动动脑

1. 表达式 (False == (20<10)) 的结果是 (　　　)。

    A. Error　　　　　B. False　　　　　C. None　　　　　D. True

2. 阅读程序，写注释和运行结果。

```
1  n = int(input())
2  if n >= 144:      # _____
3      print('A')    # _____
4  if n >= 112:      # _____
5      print('B')    # _____
6  if n >= 96:       # _____
7      print('C')    # _____
```

输入 1: 160　　　　　　　　输入 2: 120

输出 1: _____　　输出 2: _____

3. 根据题意，编写程序。

能够被 2 整除的整数称为偶数。输入一个整数，判断是不是偶数，如果是偶数，那么就输出 even。

第12课 变 量 名

——双分支结构 if...else

变量名可以是大写字母、小写字母、数字、下画线或汉字等字符的组合，但首字符不能是数字，中间不能出现空格，也不能使用保留字。

> 输入一个变量名，判断首字符是不是数字，如果是，那么就输出 "X 是数字"（X 代表首字符），否则输出 "X 不是数字"。

本课的解题思路初步描述如下。

第一步，输入变量名。

第二步，根据变量名的首字符作出不同判断：

如果　　首字符是数字　　那么

输出：X 是数字

　　　　　　　　　　　　X 代表首字符

否则

输出：X 不是数字

学会了关于流程控制的双分支结构 if…else 语句的使用方法，就能解决这个问题了。

```
               层次1        以英文半角冒号结尾
if 条件：
    语句块1          层次2，缩进（默认 4 个半角空格，在 Thonny 中
                     输入英文半角冒号，按 Enter 键后会自动缩进）
else：                       以英文半角冒号结尾
    语句块2          层次2，缩进（默认 4 个半角空格）
```

当条件成立时，执行语句块 1；否则，执行语句块 2。判断"条件"是否成立主要依赖于表达式的值。表达式的值为 True 或与 True 等价的值时表示成立，为 False 或与 False 等价的值时表示不成立。非零数字、非空字符串、非空列表等同于 True，数字零、空字符串、空列表等同于 False。if…else 语句的流程控制如图 12.1 所示。

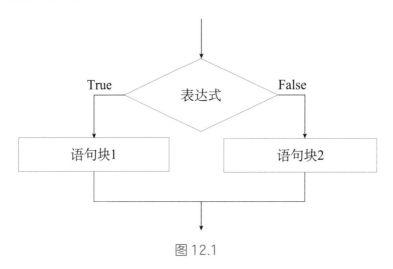

图 12.1

"判断变量名的首字符是不是数字"这句话有两个关键词：首字符、数字。首字符就是变量名这个有序序列的第 0 号元素，数字有 0、1、2、3、4、5、6、7、8、9，共 10 个。

变量名可以用字符串或列表保存，10 个数字也可以用字符串或列表保存。如：

```
>>> var = '2ans'          变量名用字符串保存
>>> num = '0123456789'    10 个数字也用字符串保存
>>> var[0]                变量名的首字符
'2'
>>> num
'0123456789'
```

如果变量名、10 个数字均用字符串来保存，"判断变量名首字符是不是数字"这个问题就转化为"变量名字符串的第 0 号元素是不是数字字符串的元素"或"变量名字符串的第 0 号元素是不是数字字符串的成员"。

```
>>> '2' in '0123456789'
True
>>> var[0] in '0123456789'
True          A            B
```

in 是成员测试运算符，用来测试一个对象是不是另一个对象的元素，可以理解为"A 是不是 B 的元素"或"A 是不是 B 的成员"或"B 中是不是包含元素 A"。如果 A 是 B 的元素，则表达式的值为 True；否则，表达式的值为 False。

```
1  var = input()
2  if var[0] in '0123456789':    # 判断var[0]是不是数字字符
3      print(var[0]+'是数字')
4  else:
5      print(var[0]+'不是数字')
```

运行结果

2ans↵

2 是数字

数字字符 0～9 的 ASCII 码如表 12.1 所示。

表　12.1

字符	0	1	2	3	4	5	6	7	8	9
ASCII 码	48	49	50	51	52	53	54	55	56	57

从表 12.1 中可以发现，0～9 数字字符的 ASCII 码为 48 至 57，是一段连续的整数。因此，"判断变量名首字符是不是数字"这个问题就转化为"判断变量名字符串的第 0 号元素的值是不是大于或等于字符 0 且小于或等于字符 9"。

```
>>> '0' <= '2' <= '9'
True
>>> '0' <= 'a' <= '9'
False
```

根据以上解题思路，本课的程序如下。

```
1  var = input()
2  if '0' <= var[0] <= '9':
3      print(var[0]+'是数字')
4  else:
5      print(var[0]+'不是数字')
```

运行结果

cnt2↵

c 不是数字

也可以将原问题转化为"判断变量名字符串的第 0 号元素的 ASCII 码是不是大于或等于字符 0 的 ASCII 码且小于或等于字符 9 的 ASCII 码"。数字、英文等字符的 ASCII 码可以调用 ord( ) 函数查询。准确地说，ord( ) 函数返回的是单个字符的 Unicode 码，但对于数字、英文等字符来说，其在 Unicode 码中的码值与在 ASCII 码中的码值是一样的。

```
>>> ord('0')          返回数字字符 '0' 的 Unicode 码
48
>>> ord('1')          返回数字字符 '1' 的 Unicode 码
49
>>> ord('9')          返回数字字符 '9' 的 Unicode 码
57
>>> ord('中')         返回中文字符 ' 中 ' 的 Unicode 码
20013
>>> ord('国')         返回中文字符 ' 国 ' 的 Unicode 码
22269
```

利用 ord( ) 函数，本课的程序如下。

```
1  var = input()
2  if 48 <= ord(var[0]) <= 57:
3      print(var[0]+'是数字')
4  else:
5      print(var[0]+'不是数字')
```

运行结果

cnt2↵

c 不是数字

还有一种方法，就是将所有可能的情况逐一进行判断：首字符是不是 '0'？是不是 '1'？是不是 '2'？是不是 '3'？……是不是 '9'？发扬锲而不舍的精神，在程序中把 10 种可能都写出来，只要符合一种情况，它就是数字。程序如下。

```
1  var = input()
2  n = var[0]
3  if n == '0' or n == '1' or n == '2' or \
4      n == '3' or n == '4' or n == '5' or \
5      n == '6' or n == '7' or n == '8' or \
6      n == '9':
7      print(var[0]+'是数字')
8  else:
9      print(var[0]+'不是数字')
```

代码太长，一行写不下，用"\"续行

运行结果

4cnt↵

4 是数字

> or 是或运算符，表示"或者"，是一种逻辑运算符。上述程序中"n == '0'"等表达式只要有一个成立，它的返回值就为 True；只有当所有表达式都不成立时，它的返回值才为 False。

其实使用 isdigit( ) 方法可以判断某个字符串对象中的所有或部分元素是否为数字字符，但是同学们作为初学者，在入门阶段使用最朴素的方法判断某个字符是不是数字字符，更有助于理解基本原理，对以后解决更大的问题会有很大的帮助。

```
>>> '1234'.isdigit()        判断 '1234' 的所有元素是不是都是
True                        数字字符
>>> '123aaa'.isdigit()      判断 '123aaa' 的所有元素是不是都是
False                       数字字符
>>> '5'.isdigit()           判断 '5' 是不是数字字符
True
>>> '5abc'[0].isdigit()     判断 '5abc' 的第 0 号元素是不是数字
True                        字符
>>> 'hello'.isalpha()       判断 'hello' 的所有元素是不是都是字母
True
>>> '2'.isalpha()           判断 '2' 是不是字母
False
```

运用字符串的 isdigit( ) 方法解决本课问题，程序如下。

```
1  var = input()
2  if var[0].isdigit():   # 判断var[0]是不是数字字符
3      print(var[0]+'是数字')
4  else:
5      print(var[0]+'不是数字')
```

运行结果

4cnt↵

4 是数字

英汉小词典

else [els]   否则

in [ɪn]   成员测试（在……里面，在……之内）

or [ɔː(r)]   逻辑或

动动脑

1. 下面选项中与表达式 (x <= y) 等价的是 (　　　)。

A. x == y　　　　B. x < y or x = y　　C. x < y or x == y　D. x < y

2. 阅读程序，写注释和运行结果。

```
1  ch = input('请输入一个字符：')
2  if ch in 'aeiou':      #  _____
3      print(ch+'是元音字母')
4  else:                  #  _____
5      print(ch+'不是元音字母')
```

请输入一个字符：a↵　　　　请输入一个字符：h↵

输出 1：_____　　　　输出 2：_____

3. 根据题意，编写程序。

电子邮箱地址包括用户名和邮件服务器域名，中间用"@"连接。如：

输入一个电子邮箱地址，判断其是否含有"@"连接符，如果有就输出"含有 @"，否则输出"格式错误"。

第13课 作业等级
——多分支结构 if...else 语句的嵌套

风之巅小学每学期期末检测公布结果时，只公布等级，不公布原始成绩。检测的原始成绩采用百分制（整数），若成绩介于 [90,100] 区间，对应的等级为 A, [80,89] 区间对应的等级为 B, [70,79] 区间对应的等级为 C, [60,69] 区间对应的等级为 D, [0,59] 区间对应的等级为 E。

这里的 [] 为数学中表示区间的一种符号，例如，[70,79] 表示大于或等于 70 且小于或等于 79 的所有的数，包含两个端点 70 和 79。这里的 [] 不是 Python 中列表的界定符。

输入某位同学的期末检测原始成绩，输出对应的等级。

输入 1：99　　　　　　　　　输入 2：75

输出 1：A　　　　　　　　　输出 2：C

本课的解题思路初步描述如下。

第一步，输入原始成绩。

第二步，根据输入的成绩，确定等级。

　　如果　　成绩介于 [90,100]　　那么

　　　　等级为 A

　　否则

　　　　如果　　成绩介于 [80,89]　　那么

　　　　　　等级为 B

否则

　　如果　　成绩介于 [70,79]　　那么

　　　　等级为 C

　　否则

　　　　如果　　成绩介于 [60,69]　　那么

　　　　　　等级为 D

　　　　否则

　　　　　　等级为 E

第三步，输出对应的等级。

学会了由 if...else 语句嵌套构成的多分支结构，就能解决这个问题了。

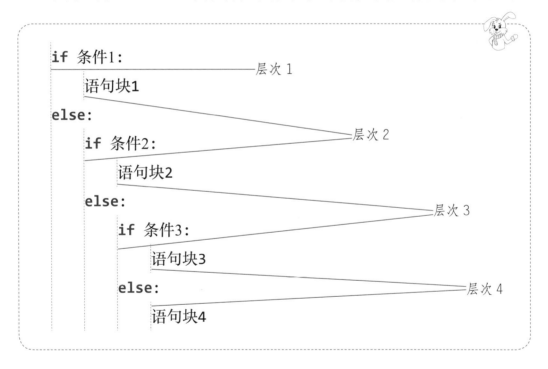

上面的语法呈现了 3 个 if...else 嵌套的一种样式，虚线表示代码的层次和隶属关系，相同层次的代码必须具有相同的缩进量。

"条件 1"成立，执行语句块 1；"条件 1"不成立，但"条件 2"成立，执行语句块 2；"条件 1"不成立，且"条件 2"也不成立，但"条件 3"成立，执行语句块 3；所有条件都不成立，则执行语句块 4。利用 if...else 语

句的嵌套编写的本课程序如下。

```
1   n = int(input('成绩: '))
2   ans = None  # 等级, 赋空值
3   if 90 <= n <= 100:
4       ans = 'A'
5   else:
6       if 80 <= n <= 89:
7           ans = 'B'
8       else:
9           if 70 <= n <= 79:
10              ans = 'C'
11          else:
12              if 60 <= n <= 69:
13                  ans = 'D'
14              else:
15                  ans = 'E'
16  print(ans)
```

运行结果

成绩: 100↵

A

还有没有别的实现方法? 如果把成绩的所有等级 A、B、C、D、E 存入有序序列,"输入某位同学的检测原始成绩,输出对应的等级" 就转化为 "输入一个整数,输出有序序列的某个元素"。

这个问题只需要查询有序序列的某个元素,不需要修改这个序列,因此可以用不可变有序序列(如字符串)来保存成绩的所有等级 A、B、C、D、E。

那么按什么顺序存储? 先把介于 [0,100] 的每个分数对应的等级写出来,如表 13.1 所示。

表　13.1

成绩	0	1	2	3	4	5	6	7	8	9
等级	E	E	E	E	E	E	E	E	E	E
成绩	……									
等级	……									
成绩	80	81	82	83	84	85	86	87	88	89
等级	B	B	B	B	B	B	B	B	B	B
成绩	90	91	92	93	94	95	96	97	98	99
等级	A	A	A	A	A	A	A	A	A	A
成绩	100									
等级	A									

将成绩 0 的等级存入索引为 0 的单元，成绩 1 的等级存入索引为 1 的单元……成绩 100 的等级存入索引为 100 的单元，如图 13.1 所示。

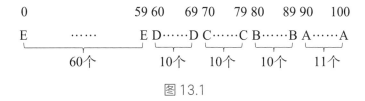

图 13.1

这样做的优点是输入一个成绩，可以以这个成绩为索引，马上输出等级。难点是构建这个长度为 101 的字符串，一个一个地输入会很麻烦。

有 60 个 'E'，有 10 个 'D'，……，有 11 个 'A'，你想到了什么？可以使用序列重复操作。

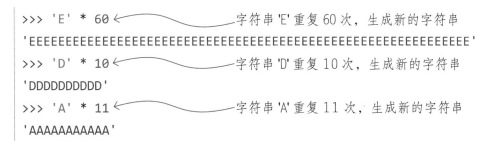

用序列重复操作符 * 创建出各个成绩等级字符串的成员，再用字符串连接操作符 +，将各段的等级连接成一个供查询的字符串。原问题就转化为"输入一个整数，输出以这个整数为索引的字符串对象中的元素"，程序如下。

```
1  ans = ''  # 先赋空串
2  ans = ans + 'E' * 60
3  ans = ans + 'D' * 10
4  ans = ans + 'C' * 10
5  ans = ans + 'B' * 10
6  ans = ans + 'A' * 11
7  n = int(input('成绩: '))
8  print(ans[n])
```

运行结果

成绩：<u>60</u>↵

D

供查询的成绩等级字符串的长度为 101，能不能再优化一下，让长度变短一点？可以把介于 [0,100] 的所有整数分段，10 个为一段，如表 13.2 所示。

表　13.2

序号	0	1	2	3	4	5	6	7	8	9	10
成绩	[0,9]	[10,19]	[20,29]	[30,39]	[40,49]	[50,59]	[60,69]	[70,79]	[80,89]	[90,99]	100
等级	E	E	E	E	E	E	D	C	B	A	A

从表 13.2 可以发现，序号 0 对应的成绩是一位数（十位为 0），序号 1 对应成绩的十位上的数字为 1，序号 2 对应成绩的十位上的数字为 2，……，序号 9 对应成绩的十位上的数字为 9，序号 10 对应的成绩为 100（相当于十位上的数字为 10）。

按表 13.2 中序号的顺序来构建供查询的成绩等级字符串，即 "EEEEEEDCBAA"，原问题就转化为 "输入一个整数，按这个整数十位上的数字去索引字符串对象的元素"，程序如下。

```
1  ans = 'EEEEEEDCBAA'
2  n = int(input('成绩: '))
3  print(ans[n//10])
```

运行结果

成绩：70↵

C

被查询的成绩等级字符串还能按其他顺序构建吗？能否按"DCBAAE"
构建？请同学们结合表 13.3 想一想，为什么可以这样？

表 　13.3

正向序号	0 (6-6=0)	1 (7-6=1)	2 (8-6=2)	3 (9-6=3)	4 (10-6=4)	
成绩	[60,69]	[70,79]	[80,89]	[90,99]	100	[0,59]
等级	D	C	B	A	A	E
反向序号						-1

程序如下。

```
1  ans = 'DCBAAE'
2  n = int(input('成绩: '))
3  n = n // 10 - 6
4  if n >= 0:
5      print(ans[n])
6  else:
7      print(ans[-1])
```

运行结果

成绩：99↵

A

动动脑

1. 下列说法正确的是（　　　）。

```
1  if x < 100:
```

```
2        语句块A
3   else:
4        if x <= 120:
5            语句块B
6        else:
7            语句块C
```

A. 如果 x=160，语句块 A、B、C 都不会被执行

B. 如果 x=120，执行语句块 C

C. 如果 x=120，执行语句块 B

D. 如果 x=0，执行语句块 A、B

2. 阅读程序，写注释和运行结果。

```
1   a, b, c = input().split()
2   a, b, c = int(a), int(b), int(c)
3   if a+b > c :    # _____
4       if a+c > b:    # _____
5           if b+c > a:    # _____
6               print('1.能拼成一个三角形')
7           else:        # _____
8               print('2.不能拼成一个三角形')
9       else:        # _____
10          print('3.不能拼成一个三角形')
11  else:        # _____
12      print('4.不能拼成一个三角形')
```

输入 1：6 8 5   输入 2：2 10 1

输出 1：_____   输出 2：_____

3. 根据题意，编写程序。

输入一个字符，输出该字符的类型，是数字字符、小写字母、大写字母，还是其他字符。

第14课　再谈作业等级
——多分支结构 if…elif…elif

if…else 语句的嵌套，可以解决多分支选择问题，但随着嵌套的层次增多，缩进深度加深，代码要不断往右移。屏幕的宽度有限，阅读、编辑代码时需要左右移动光标或拖动水平滚动条，操作不方便；纸张的宽度有限，印刷代码也不方便。

Python 提供了另一种嵌套的分支结构，从代码布局上看，缩进的深度较小，语句格式如下。

```
                        ——————层次 1
if 条件1:
    语句块1
elif 条件2:                              ——————层次 2
    语句块2
elif 条件3:
    语句块3
...
else:                                    ——————else 子句是可选的
    语句块n
```

"条件 1"成立，执行语句块 1；"条件 1"不成立，但"条件 2"成立，执行语句块 2；"条件 1"不成立，且"条件 2"也不成立，但"条件 3"成立，执行语句块 3……所有条件都不成立，则执行语句块 n。 elif 可以理解为 else 和 if 两个单词的缩写。

上一课的作业等级程序，可以使用 if...elif 语句编写，程序如下。

```
1  n = int(input('成绩：'))
2  ans = None  # 等级，赋空值
3  if 90 <= n <= 100:
4      ans = 'A'
5  elif 80 <= n <= 89:
6      ans = 'B'
7  elif 70 <= n <= 79:
8      ans = 'C'
9  elif 60 <= n <= 69:
10     ans = 'D'
11 else:
12     ans = 'E'
13 print(ans)
```

运行结果

成绩：100↵

A

在程序中，关于选择的问题一般都能用分支结构解决，究竟是选用单分支 if 语句，或选用双分支 if...else 语句，还是选用多分支 if...else 嵌套或 if...elif...elif 语句，要具体问题具体分析，才能保证不会出错。

输入一个正整数，如果是偶数，则除以 2；如果是奇数，则乘以 3 再加上 1。请问处理后的数是多少？

程序 A 如下。

```
1  n = int(input('n='))
2  if n % 2 == 0:  # 偶数，%为求模（余）运算符
```

```
3        n = n // 2   # // 为整除运算符
4    else:            # 奇数
5        n = n * 3 + 1
6    print(n)
```

程序 B 如下。

```
1    n = int(input('n='))
2    if n % 2 == 0:   # 偶数，% 为求模（余）运算符
3        n = n // 2   # // 为整除运算符
4    if n % 2 == 1:   # 奇数
5        n = n * 3 + 1
6    print(n)
```

你觉得程序 A 和程序 B 功能相同吗？先用几组数据测试一下。

第一次，用奇数测试，测试结果如表 14.1 所示。

表 14.1

输入的数据	一位数	二位数	三位数	六位数
	3	25	5123	246869
程序 A 运行结果	10	76	15370	740608
程序 B 运行结果	10	76	15370	740608

测试结果：以奇数作为输入数据，经 4 次测试，程序 A 和程序 B 执行后，运行结果全部保持一致。

第二次，用偶数测试，测试结果如表 14.2 所示。

表 14.2

输入的数据	一位数	二位数	三位数	六位数
	2	24	154	123456
程序 A 运行结果	1	12	77	61728
程序 B 运行结果	4	12	232	61728

测试结果：以偶数作为输入数据，经 4 次测试，程序 A 和程序 B 执行后，运行结果 2 次保持一致，2 次出现不一致。

当 2 或 154 作为输入数据时，程序 A 和程序 B 的运行结果不一样，那是程序 A 错了？还是程序 B 错了？结合题意可以知道，如果输入偶数，应除以 2 后输出，因此程序 A 运行结果正确，程序 B 运行结果错误。

为了找出程序 B 运行错误的原因，可以利用 Thonny 的脚本调试功能，单击"调试当前脚本"按钮，再单击"步进"按钮进入各语句内部观察、分析各变量、各表达式的值及各语句的执行情况，相关操作说明可以参照"附录 B"。调试时以 2 作为输入数据：变量 n 的值为 2，是偶数，因此第 2 行 if 语句中的条件"n% 2 == 0"成立，执行第 3 行语句（n = n//2），执行后 n 被赋值为 1。此时，再执行第 4 行 if 语句，条件"n%2 == 1"仍然成立，继续执行第 5 行语句（n = n*3+1），执行后变量 n 的值被修改，被赋值为 4，如图 14.1 所示。

$$2 \xrightarrow{2//2} 1 \xrightarrow{1*3+1} 4$$

图 14.1

通过调试、分析，可以发现运行程序 B 时，如果输入的数据 n 是偶数，执行第一个 if 语句后 n 变成了奇数时，就会出现运行结果错误，因为此时第二个 if 语句的"条件"也成立了，n 的值将乘以 3 再加上 1。

"n%2 == 0"" n%2 == 1"这两个条件，对于一个确定值的正整数来说，只会满足一个条件，必定一个为 True，另一个为 False。

小知识

在描述某一类事物全部属性时，出现了两个或多个分支情况，编程实现时一般要使用 if...else 语句、if...else 语句的嵌套或 if...elif 语句，不要使用多个单分支 if 语句实现。

在作业等级程序中，各等级的范围是没有重叠的，一个具体的成绩只会满足某一个等级的条件，因此不建议使用多个单分支语句 if 实现，推荐使用多分支语句 if...elif 来实现。同时，在使用 if...elif 语句时，还可以对输入数据的数据范围进行优化，增加必要的数据合法性的判断，减少一些冗余的判断，使之逻辑更加清晰，代码更加简洁，优化后的程序如下。

```
1  n = int(input('成绩: '))
2  if n > 100 or n < 0:    # 增加数据合法性的判断
3      ans = 'Error'
4  elif 90 <= n:    # 去掉n<=100的判断
5      ans = 'A'
6  elif 80 <= n:    # 去掉n<=89的判断
7      ans = 'B'
8  elif 70 <= n:    # 去掉n<=79的判断
9      ans = 'C'
10 elif 60 <= n:    # 去掉n<=69的判断
11     ans = 'D'
12 else:
13     ans = 'E'
14 print(ans)
```

运行结果 1

成绩：<u>989793</u>↵

Error

运行结果 2

成绩：<u>65</u>↵

D

动动脑

1. x=150 时，下列说法正确的是（　　　）。

```
1  if x < 0 or x > 160:
2      语句块A
3  elif x >= 144:
4      语句块B
5  elif x >= 96:
6      语句块C
7  else:
8      代码块D
```

A. 执行语句块 A

B. 执行语句块 B

C. 执行语句块 C

D. 执行语句块 D

2. 阅读程序，写注释和运行结果。

```
1  n = int(input())
2  if n <= 200:    # _____
3      ans = n
4  elif n <= 500:    # _____
5      ans = 200 + (n-200) * 0.9
6  else:       # _____
7      ans = 200 + (500-200) * 0.9 + (n-500) * 0.6
8  print(int(ans))
```

输入 1: 150   输入 2: 300   输入 3: 600

输出 1: _____   输出 2: _____   输出 3: _____

3. 根据题意，编写程序。

输入一个整数，判断它是正整数，还是负整数，或是零。如果是正整数，则输出 "+"；如果是负整数，则输出 "-"；如果是零，则输出 "0"。

第 15 课　自然数的判定

——逻辑运算符

用来衡量或表示事物数量的数，称为自然数。像数字 0、1、2、3、4 等都是自然数，像数字 2.1、3.0、6.28、-1、-2.78 等都不是自然数。输入一个数，判断它是不是自然数。

> 　　如果是自然数，则输出"n 是自然数"，否则输出"n 不是自然数"。n 代表输入的具体数值。

本课的解题思路初步描述如下。

　　第一步：输入一个数。
　　第二步：判断，输出。

　　　　如果　<u>输入的数 n 是自然数</u>　**那么**
　　　　　　输出：n 是自然数
　　　　否则
　　　　　　输出：n 不是自然数

解决这个问题的关键是如何确定输入的数字是否为自然数。先从数学角度思考这个问题，怎样的数是自然数？大于或等于零的整数称为自然数。因此，原问题就转化为"输入一个数，判断它是不是大于或等于零的整数"，"大于或等于零的整数"可以表述成"大于或等于零，并且是整数"，可以用自然语言按如下的形式表述出来。

　　　　如果　<u>输入的数 n 大于或等于零 并且 n 是整数</u>　**那么**

输出：n是自然数

否则

输出：n不是自然数

解决这个问题还要学会以下几个知识点。

（1）Python 语言中如何表达"并且"。

逻辑运算符 and、or 和 not 分别表示"并且"、"或者"和"不"。

and 是逻辑与运算符，只有当 and 两边的表达式都为 True，返回值才为 True。只要有一个表达式为 False，返回值就为 False。

```
>>> 2 >= 1 and 2 <= 3          True and True
True
>>> 2 >= 1 and 2 < 0           True and False
False
```

or 是逻辑或运算符，只有当 or 两边的表达式都为 False，返回值才为 False。只要有一个表达式为 True，返回值就为 True。

```
>>> 0 >= 1 or 7 <= 3           False or False
False
>>> 10 >= 1 or 7 <= 3          True or False
True
```

not 是逻辑非运算符，逻辑求反，not True 为 False，not False 为 True。

```
>>> not 7 > 2                  not True
False
>>> not 1 > 3                  not False
True
```

（2）如何判断输入的数是整数。

```
>>> type(3)                         内置函数 type() 可以查看对象的类型
<class 'int'>
>>> type(3) == int                  判断 3 是不是整数类型
True
>>> type(2.7)
<class 'float'>
>>> type(2.7) == float              判断 2.7 是不是浮点数类型
True

>>> n = input()
 3.14
>>> type(n)                         查看变量 n 引用的对象的类型
<class 'str'>
>>> float(3.14)                     以浮点数对象为参数创建了一个新的浮点
3.14                                数对象
>>> float(3)                        以整型对象为参数创建了一个浮点数对象
3.0
>>> int(3.14)                       以浮点数对象为参数创建了一个整型对象
3
>>> int("3.14")                     不能用浮点数形式的字符串创建整型对象
Traceback (most recent call last):
   File "<pyshell>", line 1, in <module>
ValueError: invalid literal for int() with base 10: '3.14'
```

内置函数 input( ) 的返回值是一个字符串类型的对象，int( ) 可以把整数形式的字符串"转换"为整数，float( ) 可以把整数、浮点数形式的字符串"转换"为浮点数，但转换后重新创建的对象的类型就会发生变化，无法知道原输入数据的类型了。

此时，需要一个能将数字字符串转换为相应数字的函数，即需要一个能将整数字符串转换为整数、浮点数字符串转换为浮点数的函数。在 Python 中，eval( ) 函数可以实现这个功能。

```
>>> eval('3.14')                    返回浮点数 3.14
3.14
```

```
>>> eval('3.0')
3.0
```
← 返回浮点数 3.0

```
>>> eval('3')
3
```
← 返回整数 3

```
>>> eval('3*4+2')
14
```
← 解析并执行字符串 '3*4+2'，返回计算结果

```
>>> x = 2
>>> eval('x+1')
3
```
← 解析并执行字符串 'x+1'，返回计算结果

小知识

eval( ) 函数是 Python 语言中一个十分重要的函数，通俗地说，它的功能就是将输入的字符串转变成 Python 语句，并执行该语句。

```
>>> n = eval(input())
 12↵
```
← 将输入的数字字符串"转换"为相应的数字

```
>>> type(n) == int
True
```
← 判断变量 n 引用的变量是不是整数类型

```
>>> n = eval(input())
 12.1↵
>>> type(n) == int
False
>>> type(n) == float
True
```
← 判断变量 n 引用的变量是不是浮点数类型

输入数字形式的字符串，用 eval( ) 函数"转换"（解析并执行）后变成了数字。如果原来是整数字符串，调用 eval( ) 函数返回的是整数；如果原来是浮点数字符串，调用 eval( ) 函数返回的是浮点数。

（3）如何控制输出文本的格式。

此课要求输出的内容是"n 是自然数"或"n 不是自然数"，n 代表输入的具体数值。如果用 print( ) 函数默认格式输出时，数字 n 和字符串"是自然数"（或"不是自然数"）之间默认会有一个分隔符空格，这样的输出就不

符合题意了。

可以设置 print( ) 函数的参数 sep='', 将分隔符改为空字符串。或者运用 str( ) 函数, 先将数字"转换"为字符串, 再和字符串"是自然数"(或"不是自然数")拼接到一起后输出。

```
>>> n = 2          将变量n赋值为数字2(变量n指向对象2)
>>> print(n,'是自然数')    输出时n和'是自然数'之间有一个
 2 是自然数                空格
>>> print(n, '是自然数', sep='')   输出时n和'是自然数'之间无
2是自然数                           空格
>>> print(str(n)+'是自然数')    将n"转换"为字符串, 并和后
2是自然数                        面的字符串拼接后输出
```

还可使用 f-string 进行字符串的格式化后再输出。f-string 的使用方法是在字符串前加前缀 F 或 f, 再通过 { 变量名 } 或 { 表达式 } 的形式, 将值添加到字符串中。如:

```
>>> n = 3.1415926
>>> print(f'{n}不是自然数')    {n}将n的值添加到字符串中
 3.1415926不是自然数
>>> print(f'{n:.2f}')    {n:.2f}将n保留2位小数后添加到字符串
 3.14
>>> print(f'{n}保留2位小数后是{n:.2f}')
 3.1415926保留2位小数后是3.14
>>> print(f'{n}保留4位小数后是{n:.4f}')
 3.1415926保留4位小数后是3.1416
>>> f'1+2={1+2}'    {1+2}表示将表达式1+2的值添加到
'1+2=3'             字符串中
```

小知识

　　f-string 是一种高效的格式化字符串方法, 在 Python 3.6 及以上版本中使用。使用时添加的前缀 F、f 称为格式化字符串的常量或字面量, 因此可以将 f-string 称为字符串的 f 常量法。

字符串的 f 常量法可以用于解决字符串与变量、表达式同时输出时的格式安排。

到此，关于"自然数的判定"的所有问题都解决了，本课的程序如下。

```python
1  n = eval(input('n='))  # 输入的数字字符串"转换"为数字
2  if n >= 0 and type(n) == int:  # 大于或等于零，并且是整数
3      print(f'{n}是自然数')  # f常量法格式化字符串
4  else:
5      print(f'{n}不是自然数')  # f常量法格式化字符串
```

运行结果

n=3.14↵
3.14 不是自然数

 **英汉小词典**

not [nɒt]　逻辑非

and [ənd]　逻辑与

eval ['ivl]　解释并执行；评估

 **动动脑**

1. 如果 txt 的值为 '3+4'，执行下列语句后的运行结果是（　　　）。

>>> print(f'{txt}={eval(txt)}')

　A. 3+4=3+4　　　　　B. 3+4=7　　　　　C. 7=3+4　　　　　D. 7=7

2. 阅读程序，写注释和运行结果。

```python
1  x, y, z = input().split()
2  x, y, z = int(x), int(y), int(z)
3  ret1 = x * int(x>y and x>z)  # _____
4  ret2 = y * int(y>x and y>z)  # _____
5  ret3 = z * int(z>x and z>y)  # _____
```

```
6   ret4 = x * int(x==y==z)        #_____
7   ans = ret1 + ret2 + ret3 + ret4
8   print(ans)
```

输入 1: 1　2　3　　　　输入 2: 2　3　1　　　　输入 3: 2　2　2

输出 1:_____　　　　输出 2:_____　　　　输出 3:_____

3. 根据题意，编写程序。

"黑白配"是尼克、格莱尔、马尼三人最爱玩的翻掌游戏，五指分开，手心朝下代表"黑"，手心朝上代表"白"。

一局游戏中，对于尼克来说，有 3 种结果。

（1）与格莱尔、马尼两人的手势都一样，平局。

（2）与格莱尔、马尼两人的手势都不一样，赢。

（3）仅与格莱尔、马尼两人中的某一人手势相同，输。

用大写字母 B 表示"白"，大写字母 H 表示"黑"。在同一行中输入 3 个字母，依次代表尼克、格莱尔、马尼在游戏中的手势，两两以空格分隔，请输出尼克在游戏中的胜负情况（赢，输出 Y；输，输出 S；平，输出 P）。

单 元 检 测

一、单选题

1. 缩进是 Python 的灵魂，按（　　）键可以快速实现代码缩进。

　　A. Esc　　　　　B. Ctrl　　　　　C. Tab　　　　　D. Alt

2. x = '625' 时，下列表达式中结果为 True 的是（　　）。

　　A. not(x[-1] in '05')　　　　　　B. not int(x) % 5 == 0

　　C. x[-1] == '5' and x[-1] == '0'　　D. x[-1] == '5' or x[-1] == '0'

二、阅读程序，写运行结果

```
1  h = int(input())
2  if h < 0:
3      ans = 1
4  elif  h > 12:
5      ans = 2
6  elif h == 14:
7      ans = 3
8  else:
9      ans = 0
10 print(ans)
```

输入 1: -1　　　　　　输入 2: 14　　　　　　输入 3: 8

输出 1:＿＿＿＿　　　　输出 2:＿＿＿＿　　　　输出 3:＿＿＿＿

```
1  txt = input()
2  if txt[-1] == '？' or txt[-1] == '?':
3      txt = txt[:-1]
4  if txt[-1] == '吗':
```

```
5       txt = txt[:-1]
6   print(txt+'! ')
```

输入 1：在？ 输入 2：最近还好吗？ 输入 3：有空吗？

输出 1：_____ 输出 2：_____ 输出 3：_____

```
1   txt = input().split('.')
2   y, m, d = int(txt[0]), int(txt[1]), int(txt[2])
3   s = [0, 31, 59, 90, 120, 151, 181, 212, 243, 273, 304, 334]
4   res =  s[m-1] + d
5   leap = 0
6   if (y%400 == 0) or (y%4 == 0 and y%100 != 0):
7       leap = 1
8   if leap == 1 and m > 2:
9       res += 1
10  print(res)
```

输入 1：2023.10.1 输入 2：2024.3.8

输出 1：_____ 输出 2：_____

三、根据题意，编写程序

1. 格莱尔与同学们玩"拯救"游戏，格莱尔扮演宇宙公主，同学们扮演小精灵。小精灵需要收集到 6 个或 6 个以上"可爱标志"才能救出宇宙公主。现输入小精灵收集到"可爱标志"的数量，判断是否可以救出宇宙公主。

如输入 1，则输出"No"；输入 6，则输出"Yes"。

2. 某停车场收费规则：2 小时及以内收费 5 元，超出部分每小时加收 2 元。设计一个程序，输入停车的小时数（整数），输出停车的费用。

3. 某机器人爬楼梯采用的策略如下：向上爬时，为了提高速度都是一步走两级；向下爬时，为了稳定性都是一步走一级。问现在机器人要从第 x 级台阶走到第 y 级台阶，最少要走几步。

如机器人从第 1 级台阶走到第 4 级，最少需要走 3 步，即 1 → 3 → 5 → 4。机器人从第 5 级台阶走到第 3 级，最少需要走 2 步，即 5 → 4 → 3。在同一行中输入 2 个整数 x 和 y，以空格分隔，输出机器人从第 x 级台阶走到第 y 级台阶最少的步数。

4. 抢车位。某小区有一个环形停车场，共有 60 个车位，如第 4 题图所示。小车可以顺时针开到停车位上，也可以逆时针开到停车位上。假设此时小车正好位于 5 号车位边上，想停到空车位 59 号上，小车可以顺时针开 5 → 6 → 7 → …… → 59，经过 54 个车位到达 59 号车位；汽车也可以逆时针开，经过 5 → 4 → 3 → 2 → 1 → 60 → 59，经过 6 个车位到达 59 号车位。在同一行中输入 2 个以空格分隔的整数 x 和 y，请你算一算小车从 x 号车位开到 y 号车位最少要经过几个车位。

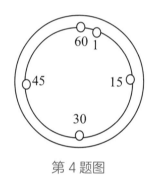

第 4 题图

5. 健康跑团。风之巅小学有一个"健康跑团"，该跑团要求同学们每天跑步，并给予相应的积分奖励。同学们的积分达到一定数量后，就可以兑换礼物。

奖励积分的规则如下：

（1）每天慢跑 1000 米可领取 3 个积分（若未达到 1000 米则领取数量为零），之后的每 500 米能领取 1 个积分。为了引导同学们适量运动，每天领取的积分数量不能超过 12。

（2）同学们只有把当天跑步的米数及轨迹截图发到跑团群，才算完成"签到"。"签到"后才能领取当天跑步对应的积分。

（3）当天跑步的米数及轨迹截图发到跑团群后，如果获得老师的点赞，那么当天的积分翻倍（原积分计算方法的基础上乘以 2），但翻倍后的积分最多不能超过 20。

尼克的任务是根据同学们当天跑步的米数、签到及老师的点赞情况，计算出某位同学该天拥有的积分总数。请你帮助尼克设计这个程序。

输入，一行 3 个整数。第一个整数表示该同学们当天跑步的米数；第二个整数表示签到情况，0 表示未完成签到，1 表示完成签到；第三个整数表示老师的点赞情况，0 表示未点赞，1 表示点赞。

输入 1：1600 0 0   输入 2：1600 1 0   输入 3：1600 1 1

输出 1：0   输出 2：4   输出 3：8

四、我出题，大家一起做

问题描述：＿＿＿＿＿＿＿＿＿＿＿＿＿＿＿＿＿＿＿＿＿＿＿＿＿

＿＿＿＿＿＿＿＿＿＿＿＿＿＿＿＿＿＿＿＿＿＿＿＿＿＿＿＿＿＿＿＿＿

＿＿＿＿＿＿＿＿＿＿＿＿＿＿＿＿＿＿＿＿＿＿＿＿＿＿＿＿＿＿＿＿＿

＿＿＿＿＿＿＿＿＿＿＿＿＿＿＿＿＿＿＿＿＿＿＿＿＿＿＿＿＿＿＿＿＿

输入：＿＿＿＿＿＿＿＿＿

输出：＿＿＿＿＿＿＿＿＿

第 3 单元
循环结构

简单的事情重复做，你就是行家；重复的事情用心做，你就是赢家。在程序中，经常需要按照一定的方式重复执行某段代码，这种结构称为循环结构。学会循环结构，你就是行家、赢家。

结构化程序的三种基本结构是顺序结构、分支结构和循环结构。

第16课 青蛙跳水
——遍历循环 for

1 只青蛙，1 张嘴，2 只眼睛，4 条腿，扑通一声跳下水。

2 只青蛙，2 张嘴，4 只眼睛，8 条腿，扑通一声跳下水。

3 只青蛙，3 张嘴，6 只眼睛，12 条腿，扑通一声跳下水。

4 只青蛙，4 张嘴，8 只眼睛，16 条腿，扑通一声跳下水。

> 编写程序输出此段文本。

为了解决这个问题，可以采用的方案是调用 print( ) 函数一次输出含 4 句文本的长字符串，或者调用 print( ) 函数 4 次，每次输出一句。

这 4 句文本，从形式上看是一样的，只是每句中青蛙的只数、嘴的张数、眼睛的只数、腿的条数的具体数值不同而已，属于"变着花样"的重复。计算机的优势就是不知疲倦地重复，在程序中可以通过循环结构实现重复这个功能。接下来，我们学习遍历循环 for 的使用方法。

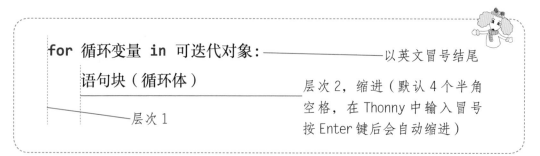

for 循环变量 in 可迭代对象：———— 以英文冒号结尾

语句块（循环体）

层次 2，缩进（默认 4 个半角空格，在 Thonny 中输入冒号按 Enter 键后会自动缩进）

———— 层次 1

for 是发起循环的保留字，"循环变量 in 可迭代对象"是循环规则。什么是可迭代对象？同学们只要知道，字符串、列表等序列都是可迭代对象，而数字不是可迭代对象。for 循环能够"从左往右"将可迭代对象中的元素一个一个按顺序读出来，并赋值给循环变量，于是循环变量依次获得可迭代对象各个元素的引用，达到了遍历的目的，如图 16.1 所示，因此 for 循环称为遍历循环。

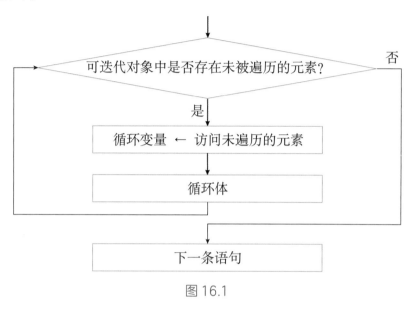

图 16.1

这里的"从左往右"是从可迭代对象的逻辑结构上看，循环执行时，循环变量从可迭代对象的第 0 号元素开始，依次获得各个元素的引用。

```
>>> for i in [10, 12, 8, 1]:     遍历列表，依次将各个元素赋值
        print(i)                        给循环变量 i
10                               这里需要按 2 次 Enter 键
12                               第 1 次结束当前行代码的输入
8                                第 2 次结束 for 循环代码的输入
1
```

执行上面的代码时，循环变量对可迭代对象各元素的引用如图 16.2 所示。

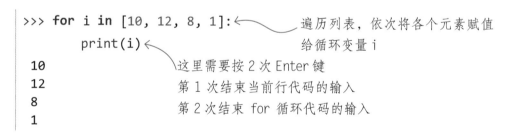

图 16.2

循环变量 i 首先获得列表第 0 号元素的引用（i = 10，i 指向 10），执行循环体 print(i)，输出循环变量 i 引用的对象 10；然后进入下次循环，获得第 1 号元素的引用（i = 12，i 指向 12），执行循环体 print(i)，输出循环变量 i 引用的对象 12……如此循环下去，一直到最后一个元素被遍历、打印出来，循环自动结束。

```
>>> for i in '我是中国人':        ←   遍历字符串，依次将各个元素
        print(i, end='!')               赋值给循环变量 i
我!是!中!国!人!
```

小·知·识

遍历是指按一定的顺序，依次对数据的所有元素做一次且仅做一次访问。

先将本课的原问题简化成一个更容易解决的子问题：输出青蛙的只数 1~4，程序如下。

```
1  for i in [1, 2, 3, 4]:    # 遍历列表
2      print(i)
```

运行结果

```
1
2
3
4
```

在输出青蛙只数的时候，还可以输出相应的嘴的张数、眼睛只数、腿的条数，这样就离原问题更近了。嘴的张数和青蛙只数相同，眼睛的只数是青蛙只数的 2 倍，腿的条数是青蛙只数的 4 倍，输出 i 的同时，只要同时输出 i、i*2 和 i*4 的值即可，程序如下。

```
1  for i in [1, 2, 3, 4]:    # 遍历列表
2      print(i, i, i*2, i*4)
```

运行结果

```
1 1 2 4
2 2 4 8
3 3 6 12
4 4 8 16
```

青蛙只数、嘴的张数、眼睛只数、腿的条数都已经输出来了，现在只要再将这些值添加到字符串"i 只青蛙，i 张嘴，2i 只眼睛，4i 条腿，扑通一声跳下水。"指定的位置中，就解决本课的问题了。变量、表达式与字符串同时输出时的格式问题，是典型的字符串格式化问题，可以用字符串 f 常量法解决。

```
>>> i = 1
>>> f'{i}只青蛙，{i}张嘴，{i*2}只眼睛，{i*4}条腿，扑通一声跳
    下水。'
'1只青蛙，1张嘴，2只眼睛，4条腿，扑通一声跳下水。'
```

完整的程序如下。

```
1  for i in [1, 2, 3, 4]:
2      print(f'{i}只青蛙，{i}张嘴，{i*2}只眼睛，{i*4}条'\
3            '腿，扑通一声跳下水。')
```

运行结果

```
1 只青蛙，1 张嘴，2 只眼睛，4 条腿，扑通一声跳下水。
2 只青蛙，2 张嘴，4 只眼睛，8 条腿，扑通一声跳下水。
3 只青蛙，3 张嘴，6 只眼睛，12 条腿，扑通一声跳下水。
4 只青蛙，4 张嘴，8 只眼睛，16 条腿，扑通一声跳下水。
```

 **英汉小词典**

for [fɔː(r)] for 循环

动动脑

1. 执行下面这段代码后，运行结果是（　　　　）。

```
1  lst = [1] * 4
2  for i in lst:
3      print(i, end=',')
```

A. 1,1,1,1,　　　　　B. 1,1,1,1　　　　　C. [1, 1, 1, 1]　　　　D. 1 1 1 1

2. 阅读程序，写注释和运行结果。

```
1  for i in '你我他':    #_____
2      txt = f'{i}们真的很棒哦！'    #_____
3      print(txt)
```

输出：_____

3. 根据题意，编写程序。

5 只青蛙，5 张嘴，10 只眼睛，20 条腿，扑通、扑通、扑通、扑通、扑通跳下水。

利用 for 循环，以 print ("扑通 ", end='、') 为循环体，输出 "扑通、扑通、扑通、扑通、扑通跳下水"。

第 17 课　再谈青蛙跳水

——range( ) 生成器

上一课《青蛙跳水》中采用的方案是先把 1，2，3，4 存入可迭代对象列表中，让循环变量"从左往右"依次遍历列表，再用字符串 f 常量法输出指定格式的文本。

如果青蛙的只数在程序运行时由用户通过键盘输入，输入的数据大小是不确定的，那么，编写程序时就无法事先在程序中写出确定元素的整数序列供 for 循环遍历。

虽然可以通过序列重复操作符 * 生成指定个数的序列，但生成的序列元素是重复的，无法马上产生一个特定区间的整数序列。怎么办？

在 Python 中，range( ) 生成器（也称为 range( ) 函数）可以生成一个特定区间的整数序列。如：

```
>>> range(10)          ← 生成 [0,10) 之间的整数，包含 0 不包含
range(0, 10)              10，前闭后开
>>> list(range(10))    ← "转换"为列表
[0, 1, 2, 3, 4, 5, 6, 7, 8, 9]
>>> range(1, 10)       ← 生成 [1,10) 之间的整数
range(1, 10)
>>> list(range(1, 10)) ← 以 range(1, 10) 为参数，创建列表
[1, 2, 3, 4, 5, 6, 7, 8, 9]
>>> range(0, 10, 2)    ← 步长为 2
range(0, 10, 2)
>>> list(range(0, 10, 2)) ← 以 range(0, 10, 2) 为参数，创建列表
[0, 2, 4, 6, 8]
>>> range(10, 1, -1)   ← 步长为 -1，从右往左看
range(10, 1, -1)
```

```
>>> list(range(10, 1, -1))        以 range(10, 1, -1) 为参数，创建
[10, 9, 8, 7, 6, 5, 4, 3, 2]       列表
```

range( ) 生成器的使用方法如下。

> range(头整数 , 尾整数 , 步长)
>
> "头整数"：计数从"头整数"开始，默认是从 0 开始。
>
> "尾整数"：计数到"尾整数"结束，但不包括"尾整数"。
>
> "步长"：默认为 1。

range( ) 生成器生成的整数序列（等差数列）的范围也是遵循"前闭后开"，大家可以用"切片"的思想来思考这个范围。例如 range(10)，即为 range(0, 10, 1)，步长是 1，为正整数，它是从左往右看（左为前，右为后）时，在 0 和 10 的前面（左侧）各"切"一刀后产生的区间，左闭右开，如图 17.1 所示。

图 17.1

例如 range(10, 0, -1)，步长是 -1，为负整数，它是从右往左看（右为前，左为后）时，在 10 和 0 的前面（右侧）各"切"一刀后产生的区间，右闭左开，如图 17.2 所示。

图 17.2

```
>>> type(range(10))
<class 'range'>
```

range( ) 生成器创建的是 range 对象，这个对象也是可迭代对象。range 对象从效果上看，它是整数序列（等差数列）对象。如 range(10) 为 range(0, 10, 1)，生成 [0,10) 区间的所有整数，包含 0 不包含 10。但这个整数序列，是根据公式及"头整数""尾整数""步长"的值一个一个动态生成的，无法在调用 range( ) 生成器时就全部"显示"出来，只有"转换"为一个新的列表或通过索引才能"显示"出来。

```
>>> range(10)[5]          ← 通过索引访问第 5 号元素
5
```

　　　输入青蛙的只数 x，按"x 只青蛙，x 张嘴，2x 只眼睛，4x 条腿，扑通一声跳下水。"的格式输出青蛙从 1 只到 x 只时对应的每一句文本。

解题思路描述如下：

第一步：输入青蛙的只数 x。

第二步：处理，输出。

循环 循环变量 i 的值从 1 到 x

　　　　按指定格式输出文本

完整的程序如下。

```
1  x = int(input('x='))
2  for i in range(1, x+1):  # 生成整数序列1，2，3，…，x
3      print(f'{i}只青蛙，{i}张嘴，{i*2}只眼睛，{i*4}条'\
            '腿，扑通一声跳下水。')
```

运行结果

x=5↵

1 只青蛙，1 张嘴，2 只眼睛，4 条腿，扑通一声跳下水。

2 只青蛙，2 张嘴，4 只眼睛，8 条腿，扑通一声跳下水。

3 只青蛙，3 张嘴，6 只眼睛，12 条腿，扑通一声跳下水。

4 只青蛙，4 张嘴，8 只眼睛，16 条腿，扑通一声跳下水。

5 只青蛙，5 张嘴，10 只眼睛，20 条腿，扑通一声跳下水。

　　range( ) 生成器生成的整数可以作为有序序列的索引，如果让循环变量依次引用每个索引，那么以"对象名 [索引]"的形式就能依次访问整个或部分有序序列。有了 range( ) 生成器，for 循环"如虎添翼"。

```
1  lst = ['尼克', 98, '格莱尔', 100 ]
2  for i in range(4):  # 遍历整数序列0，1，2，3
3      print(lst[i])  # 输出"对象名[索引]"对应的元素
```

运行结果

尼克

98

格莱尔

100

　　小·知·识

　　　　在计算机高级语言中，一般会将循环变量取名为 i 或 j。

　　这个要追溯到世界上最早出现的计算机高级程序设计语言 FORTRAN。该语言只有变量名以 I，J，…，N 为首字符的变量自动视为整数，使用 I，J，… 作为控制循环的变量是最方便的方法。因此，循环变量取名为 i 或 j 的习惯就沿用至今了。

　　不过，在 Python 中循环变量不一定要取名为 i 或 j，只要做到"见名知意"即可，可以是某个词的拼音、英文，或该词的拼音、英文的缩写。考虑到同学们键盘操作的平均熟练程度，本书中各程序中的变量名取得尽量短，减少代码输入的时间。

　　　　想一想，运行下面这个程序，输出的结果是什么？

```
1  xihu = ['苏堤春晓', '曲院风荷', '平湖秋月', '断桥残雪',
2           '花港观鱼', '柳浪闻莺', '三潭印月', '双峰插云',
3           '雷峰夕照', '南屏晚钟']
4  for i in range(10):
5      print(f'{xihu[i]}, 真美啊! ')
```

在 [] 中，分
成多行不需要
加续行符 "\"

英汉小词典

range [reɪndʒ]   范围；区间

动动脑

1. 下面的 for 循环语句中，循环变量 i 的取值范围是 (   )。

```
1  for i in range(100):
2      print(i)
```

A. 介于 [1,100] 区间的整数 (包含 1 和 100)

B. 介于 [0,100] 区间的整数 (包含 0 和 100)

C. 介于 [1,100) 区间的整数 (包含 1，不包含 100)

D. 介于 [0,100) 区间的整数 (包含 0，不包含 100)

2. 阅读程序，写注释和运行结果。

```
1  for i in range(5):          #_____
2      print(i, end=' ')
3  print()
4  for i in range(1, 5):       #_____
5      print(i, end=' ')
6  print()
7  for i in range(1, 5, 2):    #_____
8      print(i, end=' ')
```

输出：_____

3. 根据题意，编写程序。

输入一个正整数，利用 range( ) 生成器和 for 循环输出算式 "?*9=" 及该算式的值。

输入 1：2

输入 2：4

输出 1：1*9=9

　　　　2*9=18

输出 2：1*9=9

　　　　2*9=18

　　　　3*9=27

　　　　4*9=36

第18课 储蓄计划

——累加求和

格莱尔想买一台 1300 元左右的手机，送给希望小学需要用手机上网课的同学。她想用自己的零花钱来买，但一时又没有这么多零花钱，只能一点点地积攒起来。于是她设计了几种储蓄方案，但又不知道哪种储蓄方法更合适，于是想用最近学的 for 循环编写程序算一算。

第一种方案，365 日存钱法。每天存 2 元，坚持存一年（一年按 365 天计算），可以存多少钱？

请你编写程序帮格莱尔算一算。

每天存 2 元，坚持存一年，可以存多少元钱？相当于求 365 个 2 相加后的和是多少？直接用乘法算式 2×365 可以求出来。

```
>>> 2 * 365
730
```

还有没有其他方法？可以先分析一下"365 日存钱法"存钱的过程，如表 18.1 所示。

表 18.1

天数	当天的操作	储蓄罐
第 0 天	无	已有存款为 0（开始存钱之前）
第 1 天	存入 2 元	已有的存款 + 当天存入的 2 元
第 2 天	存入 2 元	已有的存款 + 当天存入的 2 元

续表

天数	当天的操作	储蓄罐
第 3 天	存入 2 元	已有的存款 + 当天存入的 2 元
…	…	…
第 365 天	存入 2 元	已有的存款 + 当天存入的 2 元

此时，可以将"每天存 2 元，坚持存一年"问题的解题思路抽象成如下步骤：

储蓄罐 ← 0　　　　　　　　　　（初始状态）

储蓄罐 ← 储蓄罐 + 2　　　　　　（第 1 天）

储蓄罐 ← 储蓄罐 + 2　　　　　　（第 2 天）

储蓄罐 ← 储蓄罐 + 2　　　　　　（第 3 天）

……

储蓄罐 ← 储蓄罐 + 2　　　　　　（第 365 天）

输出：储蓄罐中存款金额

通过观察、分析，可以发现"储蓄罐 ← 储蓄罐 + 2"这个操作重复了 365 次。如何实现重复 365 次？可以用循环语句实现。利用循环，将原问题的解题思路更进一步概括为如下步骤：

储蓄罐 ← 0　　　　　　　　　　（初始状态）

循环　实现重复 365 次

　　储蓄罐 ← 储蓄罐 + 2　　　　（每天存 2 元）

输出：储蓄罐中的存款金额

现阶段我们只学过遍历循环 for 语句，要实现循环 365 次，只要遍历含有 365 个元素的可迭代对象就可以了。这个可迭代对象，可以是字符串（如含 365 个 'A' 字符串），可以是列表（只要含 365 个元素即可），也可以用 range( ) 生成器生成一个整数序列（只要生成 365 个整数即可）。

究竟选用哪种数据类型作为 for 循环遍历的可迭代对象更好呢？我们不妨都先试一下。

第一种方法，用一个字符串对象作为 for 循环遍历的可迭代对象，程序
如下。

```
1  tot = 0  # 储蓄罐tot赋初值
2  for i in 'a' * 365:  # 遍历一个含365个'a'的字符串
3      tot = tot + 2  # 累加求和
4  print(tot)
```

运行结果

730

第二种方法，用一个列表对象作为 for 循环遍历的可迭代对象，程序
如下。

```
1  tot = 0  # 储蓄罐tot赋初值
2  for i in [1] * 365:  # 遍历一个含365个元素的列表，每个元素均为1
3      tot = tot + 2  # 累加求和
4  print(tot)
```

运行结果

730

第三种方法，用 range( ) 生成器生成一个整数序列作为 for 循环遍历的
可迭代对象。生成的整数序列只要含有 365 个元素即可，因此这个整数序列
可以是介于 [0,365) 区间的整数，也可以是介于 [1,366) 区间的整数，还可以
是介于 [2,367) 区间的整数……，但结合题意，选用介于 [1,366) 区间的整数
比较合适，程序如下。

```
1  tot = 0  # 储蓄罐tot赋初值
2  for i in range(1, 366):  # range()生成[1,365]区间的整数
3      tot = tot + 2  # 累加求和
4  print(tot)
```

运行结果

730

对比三种方法，可以发现当循环中遍历的可迭代对象只是用于控制循环次数，与循环体无关时，无论选用字符串、列表，还是选用 range( ) 生成器，都是挺方便的。

循环体"tot = tot + 2"赋值语句，可以利用加法赋值运算符"+="写成"tot += 2"形式。如：

```
>>> tot = 0
>>> tot += 2 ←────────────────── 等同于 tot = tot + 2
>>> tot
2
```

加法赋值运算符"+="是由"+""="构成的增强赋值运算符。在 Python 中，增强赋值运算符共有 7 个，除加法赋值运算符"+="之外，还有减法赋值运算符"-="、乘法赋值运算符"*="、除法赋值运算符"/="、取模赋值运算符"%="、幂运算赋值运算符"**="、整除赋值运算符"//="。

tot -= 2	等同于	tot = tot - 2
tot *= 2	等同于	tot = tot * 2
tot /= 2	等同于	tot = tot / 2
tot %= 2	等同于	tot = tot % 2
tot **= 2	等同于	tot = tot ** 2
tot //= 2	等同于	tot = tot // 2

使用增强赋值运算符可以使程序更简洁，但在阅读用增强赋值运算符写的语句时，需要在脑子里（或纸上）先转换成普通的赋值语句，这样才更容易理解。

用"365 日存钱法"存满一年为 730 元，还买不了 1300 元的手机。

小·知·识

　　一个程序，它的主要运行时间都花在循环上，所以我们在看待一个程序时，从性能角度讲要关注循环。

动动脑

1. 执行下列程序的结果是 (   )。

```
1  for i in range(10, 1, -2):
2      print(i, end=' ')
```

A. 10 8 6 4 2 0   B. 10 8 6 4 2

C. 8 6 4 2   D. 10 8 6 4 2 0 -2

2. 阅读程序，写注释和运行结果。

```
1  n = int(input())
2  tot = 0
3  for i in range(n):  # _____
4      tot += 5  # _____
5  print(tot)
```

输入 1：3   输入 2：101

输出 1：_____   输出 2：_____

3. 根据题意，编写程序。

12 月存钱法。一年 12 个月，每月存相同金额的钱，连续存一年，可以存多少钱? 请你用 for 循环编写程序实现以下功能：输入一个整数，表示每月存钱的金额，输出一年的存钱总额。

第 19 课　再谈储蓄计划

——sum() 函数

格莱尔的第二种储蓄方案是 52 周存钱法。一年有 52 周，每周存一次钱，从一元开始起存，每次存入的钱增加一元。第一周存 1 元，第二周存 2 元，……，第 52 周存 52 元。

请你编写程序帮格莱尔算一算，用"52 周存钱法"一年可以存多少钱？

"52 周存钱法"与"365 日存钱法"有两个不同的地方，一是存钱次数不一样，一个是 52 次，一个是 365 次；二是每次存款的金额不一样，"365 日存钱法"每次存款的金额是不变的，"52 周存钱法"每次存款的金额随着次数的增加而增加。

解题思路初步描述如下。

储蓄罐 ← 0　　　　　　　　（初始状态）
储蓄罐 ← 储蓄罐 + 1　　　　（第 1 周）
储蓄罐 ← 储蓄罐 + 2　　　　（第 2 周）
储蓄罐 ← 储蓄罐 + 3　　　　（第 3 周）
……
储蓄罐 ← 储蓄罐 + 52　　　 （第 52 周）
输出：储蓄罐中存款金额

每周存一次钱，相于每周执行一次"储蓄罐 ← 储蓄罐 + x"（x 代表每次存入的不同金额的钱）操作。一年 52 周，一年要重复执行 52 次"储蓄罐 ← 储蓄罐 + x"操作。再把这种"重复"操作按"循环"语句的格式描述出来。

储蓄罐 ← 0　　　　　　　（初始状态）

循环 实现重复 52 次

　　储蓄罐 ← 储蓄罐 + x　　（x 的值从整数 1 逐步增加到 52）

输出：储蓄罐中的存款金额

循环体中 x 的值要从整数 1 逐步增加到 52，即为 [1,52] 区间的所有整数，可选用 range( ) 生成器生成整数序列。此时，可以结合遍历循环 for 将编程思路描述得再具体一点。

储蓄罐 ← 0　　　　　　　（初始化）

for 循环变量 x in 整数序列 [1, 52+1]　　（从 1 周到 52 周）

　　储蓄罐 ← 储蓄罐 + x　　（第 x 周存入 x 元）

输出：储蓄罐中存款金额

最后，在 Thonny 中编写程序，调试运行。第一种方法，直接用一个 range( ) 对象作为 for 循环遍历的可迭代对象，程序如下。

```
1  tot = 0  # 初始化，储蓄罐赋初值0
2  for x in range(1，52+1):  # 遍历[1,52]区间的整数序列
3      tot = tot + x  # 累加求和
4  print(tot)
```

运行结果

1378

第二种方法，先生成一个 range( ) 对象，再将它"转换"为一个列表对象，作为 for 循环遍历的可迭代对象，程序如下。

```
1  tot = 0  # 初始化，储蓄罐赋初值0
```

```
2    lst = list(range(1, 52+1))    # 创建一个[1,52]区间的整数列表对象
3    for x in lst:    # 遍历列表
4        tot = tot + x    # 累加求和
5    print(tot)
```

运行结果

1378

如果不利用 range( ) 生成器生成整数序列，用一个字符串对象作为 for 循环遍历的可迭代对象，能否解决本课的这个问题呢？也是可以的，此时需要再增加一个变量，用于记录每次的存钱金额，第三种方法程序如下。

```
1    tot = 0    # 初始化，储蓄罐赋初值0
2    x = 0    # 每次的存钱金额先赋初值0
3    for i in '0'*52:    # 遍历字符串，控制循环次数
4        x = x + 1    # 存钱金额每次递增1
5        tot = tot + x    # 累加求和
6    print(tot)
```

运行结果

1378

"52 周存钱法"中每次存钱的金额（整数序列）随着循环次数的增加而有规律地增加，通过三种方法的比较可以发现，用 range( ) 对象作为 for 循环遍历的迭代对象最方便。

在 Python 中，使用内置函数 sum( ) 可以求一个数字列表、range( ) 对象等可迭代对象中所有元素之和。用 sum( ) 函数求和时，要求可迭代对象的各个元素类型必须是数字类型，因为只有对数字求和才有意义。如：

```
>>> sum([1, 2, 3, 4, 5])
15
>>> sum(range(1, 101))
5050
>>> sum = 0 ←————————    自定义的变量取名为 sum
```

```
>>> sum([1, 2, 3])
Traceback (most recent call last):
  File "<pyshell>", line 1, in <module>
TypeError: 'int' object is not callable
>>> del sum
>>> sum([2]*365)
730
>>> sum(range(1, 52+1))
1378
```

此时 sum 代表自定义整型变量，无法使用内置函数 sum

类型错误：整型对象不可调用

删除变量 sum

可以重新使用内置函数 sum()

如果在程序中使用了 sum 变量，那么就无法使用内置函数 sum() 求和了，只有用 del 语句将自定义的 sum 变量删除后才能继续调用内置函数 sum() 求和。为了避免变量名 sum 和内置函数名 sum 冲突，在程序中用于累加求和的变量一般不取名为 sum，但可以取名为 Sum（首字母大写），或者 tot、he 等。

求"52 周存钱法"一年的存款金额，其实是求算式 1+2+3+…+52 的和是多少。1，2，3，…，52，是一个等差数列，求它们的和可以利用等差数列求和公式：（首项 + 末项）× 项数 ÷2。

```
>>> (1 + 52) * 52 // 2
1378
```

使用"52 周存钱法"存一年，就可以购买一台约 1300 元的手机，送给希望小学需要用手机上网课的同学啦。

动动脑

1. 执行下列程序的运行结果是（　　　）。

```
1  ret = 1
2  for i in range(5):
3      ret = ret * i
4  print(ret)
```

A. 1   B. 120   C. 24   D. 0

2. 阅读程序，写注释和运行结果。

```
1  n = int(input())
2  Sum = 0
3  for i in range(1, n+1):  # _____
4      Sum += i  # _____
5  print(Sum)
```

输入 1：3   输入 2：100

输出 1：_____   输出 2：_____

3. 根据题意，编写程序。

7 天存钱法。每周有 7 天，假设星期一存 x 元，星期二存 2x 元，依次递增，直到星期日存入 7x 元，完成一周的存钱计划。输入整数 x，输出一周后按计划存钱的存款总额，请用 for 循环编写程序实现。

第20课 扫描识别

——线性搜索

扫描识别，就是先用扫描仪或手机把纸上的文字扫描成一张图片，再用识别软件把这张图片中的文字识别出来，最后生成一个文本文件。

但有些识别软件的识别效果不是十分完美，经常会出现错误。已知，某识别软件可能会出现的错误只有以下三种：把数字 0 错误地识别为大写字母 O；把数字 2 错误地识别为大写字母 Z；把数字 6 错误地识别为小写字母 b。

> 输入一串含有识别错误的数字字符串，且出现的错误仅含以上三种，请编写程序输出原字符串及修改后的正确数字串。

输入 1：

3Z7b7

输出 1：

3Z7b7 32767

输入 2：

409b

输出 2：

409b 4096

解题思路初步描述如下。

第一步，输入含有识别错误的数字字符串。

第二步，处理：从原字符串中查找错误，并修正错误，生成正确的数字串。

第三步，输出原字符串及修改后的正确数字串。

解决这个问题的关键是第二步，即从原字符串中查找错误，并修正错误，生成正确的数字串。可以把第二步这个子问题进一步细化，按如下步骤处理。

（1）检查原字符串的第 0 号元素。

    如果 <u>第 0 号元素是大写字母 O</u> 那么

        修正错误

    否则，如果 <u>第 0 号元素是大写字母 Z</u> 那么

        修正错误

    否则，如果 <u>第 0 号元素是小写字母 b</u> 那么

        修正错误

（2）检查原字符串的第 1 号元素，步骤与检查第 0 号元素一样。

    ……

（n）检查原字符串的最后一个元素，步骤与检查第 0 号元素一样。

从上面的处理步骤可以发现，检查修正错误时，是从字符串的第 0 号元素开始，按顺序访问到最后一个元素，每个元素仅访问一次，这就是遍历。因此，可以利用遍历循环，将上面的处理步骤进行概括。概括后，原问题的编程思路描述如下。

输入原字符串

for 循环变量 i in 原字符串

    如果 <u>变量 i 引用的元素是大写字母 O</u> 那么

        修正错误

    否则，如果 <u>变量 i 引用的元素是大写字母 Z</u> 那么

        修正错误

    否则，如果 <u>变量 i 引用的元素是小写字母 b</u> 那么

        修正错误

输出：原字符串及修改后的正确数字串

因为字符串是不可变的有序序列，所以"修正错误"时只能对字符串进行索引、切片、连接等操作，不能对字符串对象的元素进行赋值操作。

```
>>> txt = '3Z7b7'
```

```
>>> txt[1] = '2'
 Traceback (most recent call last):
   File "<pyshell>", line 1, in <module>
TypeError: 'str' object does not support item assignment
```
类型错误：字符串对象
不支持元素赋值

完整的程序如下。

```
1   txt = input()  # 原字符串
2   num = ''   # 将修改后正确的数字串num先赋值为空串
3   for i in txt:
4       ch = i  # 引用某个元素
5       if ch == 'O':  # 如果变量ch引用的对象是大写字母O
6           ch = '0'
7       elif ch == 'Z':  # 否则，如果变量ch引用的对象是大写字母Z
8           ch = '2'
9       elif ch == 'b':  # 否则，如果变量ch引用的对象是小写字母b
10          ch = '6'
11      num = num + ch  # 连接字符串，生成新串
12  print(txt, num)
```

运行结果

3Z7b7↵

3Z7b7 32767

在一个数据集中查找某个数据是否存在，称为搜索。依次遍历数据集中的每一个数据，检查每个数据是否与要搜索的数据相同，称为线性搜索。

"扫描识别"问题就是一个搜索问题，在错误的字符串中搜索字母 O、Z、b 是否存在。搜索时采用的策略是从字符串的第 0 号元素依次遍历到最后一个元素，判断每个元素是不是字母 O、Z、b，这就是线性搜索。

线性搜索有序序列时，还可以通过"对象名 [索引]"的形式依次访问

每一个元素。本课程序如下。

```
1  txt = input()
2  num = ''
3  for i in range(len(txt)):    # len()返回序列的成员个数
4      if txt[i] == 'O':    # 大写字母O
5          num = num + '0'
6      elif txt[i] == 'Z':    # 大写字母Z
7          num = num + '2'
8      elif txt[i] == 'b':    # 小写字母b
9          num = num + '6'
10     else:
11         num = num + txt[i]
12 print(txt, num)
```

运行结果

4O9b

4O9b 4096

动动脑

1. 执行下列程序的结果是（　　　　）。

```
1  txt = ['red', 'yellow']
2  print(range(len(txt)))
```

A. range(0, 2)　　　　B. 2　　　　　　C. 0 1　　　　　　D. 9

2. 阅读程序，写注释和运行结果。

```
1  txt = input()
2  ans = txt[0]
3  for i in txt:    # _____
4      if i > ans:    # _____
5          ans = i
6  print(ans)
```

输入 1：byte　　　　　　　输入 2：81234597

输出 1：＿＿＿＿＿＿＿　　　输出 2：＿＿＿＿＿＿＿＿＿

3. 根据题意，编写程序。

使用 count( ) 方法可以求出一个有序序列中某个元素出现的次数。如：

```
>>> [1, 2, 1, 1, 2].count(1)          统计列表中元素 1 出现的次数
3
>>> lst = [1, 2, 1, 1, 2]
>>> lst.count(2)                      统计列表中元素 2 出现的次数
2
>>> 'Hello Python'.count('o')         统计字符串中字母 o 出现的次数
2
>>> 'apple app'.count('ap')           统计字符串 'ap' 出现的次数
2
>>> range(1, 10).count(2)             统计 range() 对象中 2 出现的次数
1
```

输入一段文本，再输入一个要统计的字符，输出这个字符在这段文本出现的次数（不能使用 count( ) 方法）。如：

输入：

Hello Python

o

输出：

2

第 21 课　再谈扫描识别
——列表的"可变"性

列表是可变的有序序列，"可变"就意味着能对元素进行增加、删除、修改等操作。"扫描识别"问题中，原含有识别错误的字符串能不能先"转换"成列表，再线性搜索列表中错误的字符并修改错误，最后把修改正确的列表"转换"成字符串输出？

> 请按上面的设想编写程序，修正"扫描识别"中的错误。

不妨先试一下。

```
>>> txt = '3Z7b7'          ←       原含有识别错误的字符串
>>> num = list(txt)        ←       以字符串 txt 为参数创建
>>> num[1] = '2'    ← 修正错误      一个新的列表
>>> num[3] = '6'    ← 修正错误
>>> str(num)        ←              以列表 num 为参数创建一
"['3', '2', '7', '6', '7']"        个新的字符串
```

以一个列表对象为参数调用 str( ) 函数创建一个新的字符串对象时，原列表的界定符 []、列表元素的分隔符逗号及某个元素的字符串界定符 '' 都将成为新创建的字符串的元素。这显然不符合我们当初的设想。

> 怎样才能将列表中的各个字符串类型的元素聚合成一个新的字符串？

这个问题的重点词是"各个字符串"和"聚合"。可以使用字符串连接

运算符"+"解决这一问题。

```
>>> num = ['3', '2', '7', '6', '7']
>>> txt_new = num[0] + num[1] + num[2] + num[3] + num[4]
>>> txt_new
'32767'
```

在 Python 中有"聚合字符串"的方法 join( )，使用它可以将可迭代对象中的多个字符串进行连接，并在相邻两个字符串之间插入指定的连接字符串，最后返回一个新字符串。

```
>>> num = ['4', '0', '9', '6']
>>> ''.join(num)  ←——————   用空字符串将列表 num 中的字符串元素
'4096'                       连接起来
>>> t = ['20', '30', '59']
>>> ':'.join(t)  ←——————   用':'将列表 t 中的字符串元素连接起来
'20:30:59'
```

小知识

join( ) 方法将列表等对象中的字符串元素聚合成一个新的字符串，split( ) 方法将一个字符串拆分成一个新的列表，两个方法可以看成是一对互逆的操作。

利用字符串的聚合方法解决"扫描识别"问题的思路也可以描述如下。

输入原字符串

"转换"为列表（以原字符串为参数创建一个列表对象）

for 循环变量 i **in** **range**（列表的长度）

如果 当前遍历的元素是大写字母 O 那么

修正错误

否则，如果 当前遍历的元素是大写字母 Z 那么

修正错误

否则，如果 当前遍历的元素是小写字母 b 那么

修正错误

聚合列表中各个数字字符，生成正确的数字串

输出：原字符串及修改后正确的数字串

完整的程序如下。

```python
txt = input()
lst = list(txt)
for i in range(len(lst)):
    if lst[i] == 'O':  # 如果lst[i]是大写字母O
        lst[i] = '0'
    elif lst[i] == 'Z':  # 否则，如果lst[i]是大写字母Z
        lst[i] = '2'
    elif lst[i] == 'b':  # 否则，如果lst[i]是小写字母b
        lst[i] = '6'
num = ''.join(lst)  # 聚合字符串，生成新串
print(txt, num)
```

运行结果

4O9b↵

4O9b 4096

列表对象是一种可变对象，修改可变对象的时候要注意一种情况：多个变量同时引用同一个可变对象时。

```
>>> lst1 = [1, 2, 3]          变量 lst1 "指向" 列表对象 [1, 2, 3]
>>> lst2 = lst1               将变量 lst1 赋值给 lst2
>>> lst1.append(4)            append(4) 向列表尾部追加一个元素 4
>>> lst1
[1, 2, 3, 4]
>>> lst2
[1, 2, 3, 4]
```

变量 lst1 调用 append( ) 方法在列表尾部追加了一个元素 4，但没有对变量 lst2 进行任何修改的操作，为什么变量 lst2 的值也随之改变了？

从变量的本质去理解这个问题，就能想通了。赋值语句将变量和对象关联起来，通过变量引用对象。变量 lst1、lst2 同时引用列表对象 [1, 2, 3], 通过变量 lst1 调用 append( ) 方法在这个对象的尾部追加了一个元素 4 后，此时这个对象的值就是 [1, 2, 3, 4]。因此，当变量 list2 再次引用它时，自然是 [1, 2, 3, 4]，如图 21.1 所示。

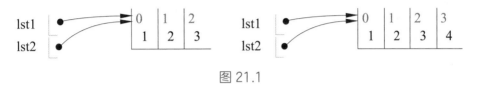

图 21.1

当多个变量同时"指向"同一个可变对象时，如果可变对象的值发生变化，那么引用它的多个变量就会一起发生变化，因为它们引用的是同一个对象。为了方便理解，可以将这种现象称为可变对象变量的联动性。

```
>>> a = b = 10          变量 a,b 同时"指向"了对象 10
>>> print(a, b)
 10 10
>>> a = 20              变量 a "指向"了对象 20
>>> print(a, b)          变量 b 还是"指向"对象 10
 20 10
```

将变量 a、b 同时赋值为数字 10，为什么此时修改变量 a 的值，变量 b 的值不会发生改变呢？

这个还是要从变量的本质去理解，开始时变量 a、b 同时引用了不可变对象数字 10，后来变量 a 通过新的赋值"指向"了数字对象 20，但变量 b 还是"指向"对象 10，因此变量 a 变了，变量 b 不变，如图 21.2 所示。

图 21.2

多变量同时"指向"同一个可变对象时，各变量具有联动性。多变量同时"指向"同一个不可变对象时，各变量没有联动性。不同的变量"指向"不同的可变或不可变对象时，各变量没有联动性。

 英汉小词典

join [dʒɔɪn]　连接

动动脑

1.执行下列语句后，列表 lst2 中最大的元素是（　　　）。

```
1  lst1 = lst2 = list(range(10))
2  lst1.append(50)
```

A. 10　　　　　　　B. 50　　　　　　　C. 9　　　　　　　D. 49

2.阅读程序，写注释和运行结果。

```
1  a, b = input().split()  # _____
2  a, b = int(a), int(b)
3  lst =[]
4  for i in range(a, b, 2):  # _____
5      t = str(i)  # _____
6      lst.append(t)  # _____
7  txt = ','.join(lst)  # _____
8  print(txt)
```

输入 1：1 5　　　　　　　　输入 2：2 10
输出 1：_____　　　　输出 2：_____

3.根据题意，编写程序。

某个系统只能接收特定的字符，该特定的字符共有 16 个，分别数字 0~9 及大写字母 A~F 之间的字符。输入一个字符串，按特定字符的要求剔除无关字符后输出。例如，输入：23ATF，输出：23AF。

第 22 课 素 数 问 题

——break 语句

"慧编码"是风之巅小学的编程社团，想要加入这个社团学习编程，都要做一道经典的题目：判断一个自然数是不是素数。

编写程序，输入一个自然数，判断它是不是素数。

根据题目的要求，可以写出初步的解题思路。

第一步，输入一个自然数。

第二步，处理：判断这个数是不是素数。

第三步，输出判断的结果。

解决这个问题，首先要明白什么样的数是素数。一个大于 1 的自然数，除了 1 和它本身外，不能被其他自然数整除，这个数就是素数。

从素数的定义，我们可以发现：

（1）素数的数据范围是大于 1 的自然数，因此素数一定是大于 1 的正整数。

（2）素数的因数只有 2 个，一个是 1，另一个是它自己。

根据第（1）条素数的数据范围，可以作出如下判断：如果输入的自然数是 0 或 1，那它就不是素数。编程时，这个可以作为特例处理。

根据第（2）条素数的因数的特点，"判断素数"问题就是"搜索因数"

的问题：在一定区间内，查找某个自然数有没有除 1 和它本身之外的因数。设这个自然数为 n，如果在区间 [2,n-1] 只要能找到一个因数，那 n 就一定不是素数；在枚举完 [2,n-1] 区间所有的整数后，都未找到一个 n 的因数，那么 n 就是素数。把这个判断的过程描述如下：

枚举 [2,n-1] 区间所有的整数
　　如果　能找一个 n 的因数　那么
　　　　n 不是素数
若枚举完 [2,n-1] 区间所有的整数，还未找到一个因数，则
　　n 不是素数

枚举 [2,n-1] 区间所有的整数，可以利用遍历循环 for 遍历 range( ) 对象实现，因此这个思路可以进一步细化。

输入 n 的值
循环　循环变量 i　依次遍历 range(2, n) 对象的每一个元素
　　如果　n 能被 i 整除　那么
　　　　n 不是素数
若遍历完 range(2, n) 对象的每一个元素，循环结束时还未找到一个因数，则
　　n 是素数

但用 Python 语句表达出"若遍历完 range(2, n) 对象的每一个元素，循环结束时还未找到一个因数"，似乎挺难的。但我们可以先写出初步的程序，看看效果，再逐步求精。

```python
n = int(input('请输入一个自然数: '))
for i in range(2, n):
    if n % i == 0:
        print(f'{n}不是素数')
```

运行结果 1

请输入一个自然数：10↵

10 不是素数

运行结果 2

请输入一个自然数：5↵

当前这个程序存在两个问题：

（1）在枚举时，如果能找到一个除 1 和它本身之外的因数，那么就可以认定该数一定不是素数了，不用继续枚举了，可以提前退出循环，但此程序没有提前结束循环，还是继续枚举。

（2）当循环结束时还未找到一个因数，就认定该数是素数，但此程序还没有作出正确的判断。

对于问题（1），可以利用 break 语句实现。break 语句，可以退出（跳出）离它最近的那个循环，让 break 语句所属层次的循环提前结束。break 语句一般常与 if 语句结合使用。

对于问题（2），可以使用标记法。用一个变量作为标记，以"真""假"作为标记变量引用的对象。"真"即 True，表示这个数是素数；"假"即 False，表示这个数不是素数。开始时，先将标记变量赋值为 True，当找到除 1 和它本身之外的一个因数时，就将标记变量赋值为 False。当循环结束时还未找到一个因数，标记变量将一直保持对 True 的引用。最后，根据标记变量引用的对象，判断该数是不是素数。进一步细化后的编程思路描述如下。

> 输入 n 的值
>
> 标记变量 ← True
>
> **循环**　循环变量 i　依次遍历 range(2, n) 对象的每一个元素
>
> 　　**如果**　　n 能被 i 整除　　**那么**
>
> 　　　　标记变量 ← False
>
> 　　　　跳出循环
>
> 　　**如果**　　标记变量 == True　　**那么**
>
> 　　　　n 是素数

否则

n 不是素数

完整的程序如下。

```
1   n = int(input('请输入一个自然数：'))
2   flag = True  # 标记为"真"
3   for i in range(2, n):
4       if n % i == 0:  # n能被i整除
5           flag = False  # n不是素数，标记为"假"
6           break  # 跳出循环
7   if flag == True:  # 等同于 if flag:
8       print(f'{n}是素数')
9   else:
10      print(f'{n}不是素数')
```

运行结果 1

请输入一个自然数：<u>10</u>↵

10 不是素数

运行结果 2

请输入一个自然数：<u>5</u>↵

5 是素数

对于问题（2），"当循环结束时还未找到一个因数，就认定该数就是素数"，也可以通过 for 循环的"for...else"格式实现，它的完整的语法形式如下。

```
for 循环变量 in 可迭代对象：——————————以半角英文
                                           冒号结尾
    语句块1（循环体）
    ——————————————————层次 2
——————————————————————层次 1

else:————————————————————以半角英文冒号结尾
    语句块2（循环自然结束时执行）
    ——————————————————层次 2
```

若该循环遍历完可迭代对象的所有元素后自然结束，则继续执行 else 结构中的语句；若该循环执行中被 break 等具有提前结束循环的语句跳出了，则不会执行 else 结构中的语句。如果可迭代对象是一个没有任何元素的空对象（如空列表、空字符串等）时，循环第一次执行时，便没有可遍历的内容，也就相当于自然结束了，因此也会执行 else 结构中的语句。

```
1   n = int(input('请输入一个自然数：'))
2   for i in range(2, n):
3       if n % i == 0:
4           print(f'{n}不是素数')
5           break
6   else:
7       print(f'{n}是素数')
```

运行结果 1

请输入一个自然数：<u>10</u>↵
10 不是素数

运行结果 2

请输入一个自然数：<u>0</u>↵
0 是素数

程序已经基本正确了，但还未对素数的数据范围做出全面的处理，缺少对自然数 0 和 1 这两个特例的判定：如果输入的自然数是 0 或 1，就直接判定它不是素数。加上特例处理后的完整程序如下。

```
1    n = int(input('请输入一个自然数：'))
2    if n == 0 or n == 1:    # 0、1直接判定不是素数
3        print(f'{n}不是素数')
4    else:
5        for i in range(2, n):
6            if n % i == 0:
7                print(f'{n}不是素数')
8                break
9        else:
10           print(f'{n}是素数')
```

运行结果 1

请输入一个自然数：<u>0</u>↵
0 不是素数

运行结果 2

请输入一个自然数：<u>5</u>↵
5 是素数

英汉小词典

break [breɪk]　终止（提前结束 break 所在层次的循环）

动动脑

1. 以下关于 break 的作用说法正确的是（　　　）。

    A. 终止程序

    B. 跳过该语句后面的循环内容，直接开始下一轮循环

    C. 跳出当前层次的循环

    D. 跳出所有循环

2. 阅读程序，写注释和运行结果。

```
1  n = int(input())
2  for i in range(1, n):  # _____
3      if i % 4 == 0:  # _____
4          break  # _____
5      else:  # _____
6          print(i, end="，")
7  else:  # _____
8      print(n)
```

输入 1：4　　　　　　　　　　　输入 2：99999

输出 1：_____　　　输出 2：_____

3. 根据题意，编写程序。

信息科技教室边上有一个储藏室长 x 分米，宽 y 分米，学校想在地面上贴瓷砖。为了美观，要用尽量大的正方形瓷砖整块整块地贴，不能有裁剪，请问这个正方形瓷砖的最大边长是多少分米。同一行输入两个正整数表示储藏室的长与宽，输出选用瓷砖的最大边长。例如，输入：42 28，输出：14。

第 23 课　幸运数字

——continue 语句

尼克和小伙伴们围坐在一起玩报数拍手游戏，游戏的规则是：边报数边拍手，先从 2～9 中选定一个"幸运数字"，然后从 1 开始报数，每人每次报一个数，每次报的数都比前一个数大 1，但是逢"幸运数字"的倍数或数位中含有"幸运数字"，则不必报数和拍手，直接喊"过"。

> 编写程序，按报数拍手游戏的规则模拟 10～20 的报数。

如果选中的幸运数字是 7，那么在区间 [10,20] 内的整数中，是 7 的倍数的整数有 14，数位中含有 7 的整数有 17。因此，遇到 14 和 17 时，就不必报数、拍手，直接喊"过"；遇到其他数字，则需要报数和拍手。即：10 拍手，11 拍手，12 拍手，13 拍手，过，15 拍手，16 拍手，过，18 拍手，19 拍手，20 拍手。

根据题目的要求，先写出初步的解题思路。

n ← 输入"幸运数字"

枚举　区间 [10,20] 内所有整数

　　如果　当前枚举的数 i 是 n 的倍数或数位中含有 n　　**那么**

　　　　输出"过"

　　　　结束本次报数，轮到下一位同学

　　输出报的数和"拍手"

编写这个程序，主要涉及以下 3 个关键的子问题。

（1）枚举区间 [10,20] 内的所有整数。

可以用 for 循环遍历 range(10, 21) 对象实现。

（2）如何判断当前枚举的数 i 是否为 n 的倍数或数位中含有 n？

倍数问题，可以使用求模运算符 % 求余数，根据余数的值作出判断。但是需要注意的是，求模运算符 % 两边的操作数的数据类型要求都是数字类型。input( ) 函数接收的数据是字符串，使用时需要转换成整型。

```
>>> 14 % int('7')
0
>>> n = input()    ←——————  n 引用了一个字符串对象
7↵                 ←——————  输入 7
>>> 14 % int(n)
0
```

对于"当前枚举的数 i 的数位中是否含有 n"这一问题，可以使用成员测试运算符 in 实现，即判断元素 n 是不是"序列 i"的元素。但 range( ) 生成器生成的数是整数，某个整数不是序列。因此，使用成员测试运算符 in 时，需要将整数 i "转换"成"字符串 i"或"列表 i"。

"转换"时究竟是选用哪个数据类型呢？

如果选用字符串，这个问题可以表述为：字符串元素 n 是不是字符串序列 i 的元素。

```
>>> '7' in '17'    ←——————  字符串 '7' 是不是字符串 '17' 的元素
True
>>> i = 17
>>> n = input()    ←——————  n 引用了一个字符串对象
7↵                 ←——————  输入 7
>>> n in str(i)    ←——————  字符串 n 是不是字符串 i 的元素
True
```

如果选用列表，这个问题可以表述为：整数 n 是不是整数列表 i 的元素或字符串元素 n 是不是字符串列表 i 的元素。

```
>>> 7 in [17]          ←———————— 整数 7 是不是列表 [17] 的元素
False
>>> 7 in [1, 7]
True
>>> '7' in ['17']      ←———————— 字符串 '7' 是不是列表 ['17'] 的元素
False
>>> '7' in ['1', '7']
True
>>> list(str(17))      ←———————— 以字符串 '17' 的各个元素作为列
['1', '7']                        表的元素
>>> '7' in list(str(17))
True
```

通过上面的操作我们可以发现，在"当前枚举的数 i 的数位中是否含有 n"这一问题中，不能将整数 i 直接"转换"成"列表 i"，需要先将整数 i"转换"成"字符串 i"，再将"字符串 i"的各个元素转换成字符串列表的各个元素。

通过上面的对比发现，在本课这个问题中，判断元素 n 是不是"序列 i"的元素时，"序列 i"采用字符串组织更方便。

（3）如何实现结束本次报数，提前轮到下一位同学报数？

在循环中使用 continue 语句，可以实现这个功能。continue 语句的作用是提前结束本次循环，忽略本级循环体 continue 之后的所有语句，提前进入下一次循环。

本课完整的程序如下。

```
1   n = input('幸运数字：')
2   for i in range(10, 21):
3       if i % int(n) == 0 or n in str(i):
4           print('过', end='  ')
```

```
5        continue   # 提前结束本次循环
6     print(f'{i}拍手', end='  ')
```

运行结果

幸运数字：7↵

10 拍手 11 拍手 12 拍手 13 拍手 过 15 拍手 16 拍手 过 18 拍手 19 拍手 20 拍手

在第 3 行语句中 "i % int(n) == 0 or n in str(i)" 有运算符 %、==、in、or。各种运算符是有优先级的，优先级高的先算，优先级低的后算。现阶段，同学只要知道四句话：

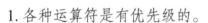

1. 各种运算符是有优先级的。

2. 运算符的优先级不需要死记硬背。

3. Python 中常用运算符的优先级和数学中的规则一样，但 Python 中的运算符要比数学中更加丰富，因此，规则会比数学中多一些。

4. 当不能确定谁的优先级高，谁的优先级低时，先算的部分用小括号括起来。

例如，当不是很清楚逻辑运算符 or 的优先级的情况下，可以结合题意，在它的两边各加上一对括号，即 (i % int(n) == 0) or (n in str(i))。

break 语句是提前结束当前层次的循环，不再执行循环体。continue 语句只是结束本次循环，提前进入下一次循环，而不是终止循环。阅读下面的程序，体会它们的不同。

```
1  print('开始排练！')
2  for i in range(1, 1001):   # 今天计划练习1000个动作
3      if i == 10:   # 大家都累了
4          print('排练结束，回家休息！')
5          break
6      if i == 4 or i == 6:   # 这2个动作都会
7          continue   # 不用练习，跳过
8      print(f'排练第{i}个动作。')
```

运行结果

开始排练！

排练第 1 个动作。

排练第 2 个动作。

排练第 3 个动作。

排练第 5 个动作。

排练第 7 个动作。

排练第 8 个动作。

排练第 9 个动作。

排练结束，回家休息！

 英汉小词典

continue [kən'tɪnjuː]　提前结束本次循环

 动动脑

1. 以下说法错误的是（　　　　）。

　　A. 一个循环体内只能含有一个 continue 语句

　　B. continue 语句可以结束本次循环，提前进入下一次循环

　　C. break 语句，跳出当前层次的循环

　　D. 无论 break 还是 continue 语句，都是仅对当前层次的循环起作用的

2. 阅读程序，写注释和运行结果。

```
1  for i in range(10):
2      if i%2 == 0 or '5' in str(i):  # _____
3          continue  # _____
4      print(i, end=',')
```

输出：_____

3. 根据题意，编写程序。

格莱尔给自己的运动手表设了一个密码，这个密码由 4 个 0～9 之间的数字构成，同时该密码满足以下条件：是奇数；含有数字 2、不含数字 8；既能被 7 整除，又能被 9 整除，还能被 13 整除。请你编程算一算格莱尔设置的密码是多少？程序中要使用 continue 语句。

第 24 课　声　控　灯

——永远循环 while

为了参加动物联盟组织的人工智能作品大赛，格莱尔利用声音传感器和 LED 灯等器材制作了一盏声控 LED 灯，实现如下功能：拍一次手，LED 灯亮；再拍一次手，LED 灯灭；周而复始，循环往复（注：当声音传感器接收到的声音响应值大于或等于 350 时，算拍一次手）。

编写程序，模拟这个功能。

要实现这个功能，我们需要解决 3 个问题。

（1）根据声音传感器接收到的声音响应值判断有没有拍手。

（2）根据拍手情况和灯的上一个状态，生成灯的当前状态（如果原来灯是灭的，拍手后灯亮；如果原来灯是亮的，拍手后灯灭）。

（3）周而复始，循环往复，就是让程序永远处于运行状态，时刻处于接收信息、处理信息之中。

问题 1、问题 2 从本质上看是一样的，根据"条件"作出不同的选择，可以用 if 语句实现。问题 3 是要实现"周而复始，循环往复"功能，初步判断是要用循环实现。现阶段，利用 for 遍历可迭代对象实现的循环都是有限次数的，虽然可以用 range( ) 生成器生成一个极大的整数序列供 for 循环遍历，效果上看接近了"周而复始，循环往复"，但这个极大的整数序列也是一个有限的序列，遍历循环时总会在某一个时刻结束。

当循环次数很大很大，大到不可计数时，或循环没有确定的次数只有明确的结束条件时，可以使用条件循环 while 语句实现，格式如下。

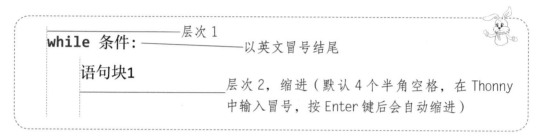

当"条件"为 True（"真"）时，执行一次语句块 1，然后再次判断"条件"；当"条件"为 False（"假"）时，退出循环。可以把"while"理解为"当"。

如果将 while 语句的"条件"永远处于"真"的状态，则可以实现"周而复始，循环往复"的功能，实现这种功能的循环也称为永远循环，格式如下。

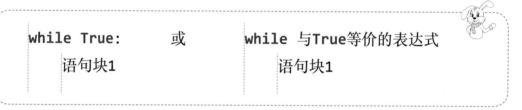

根据以上分析，可以写出解决本课问题的基本思路。

LED 灯的初始状态 ← 灭
永远循环
    输入声音传感器接收到的声音响应值
    如果 拍一次手（接收到的声音响应值 >= 350）那么
        如果 原来灯的状态 == 灭 那么
            点亮 LED 灯
            LED 灯的状态 ← 亮
        否则
            关闭 LED 灯
            LED 灯的状态 ← 灭
        延时 1 秒

完整的程序如下。

```
1   print('LED灯处于关闭状态……')
2   flag = False  # 灯是灭的
3   while True:
4       v = int(input('声音传感器接收到的值: '))
5       if v >= 350:  # 拍一次手
6           if flag == False:  # 或 if not flag:
7               print('点亮LED灯')
8               flag = True  # 灯亮
9           else:
10              print('关闭LED灯')
11              flag = False  # 灯灭
12      print('……')  # 延时1秒，先用输出省略号代替
```

运行结果

LED 灯处于关闭状态……

声音传感器接收到的值：10↵

声音传感器接收到的值：390↵

点亮 LED 灯

……

声音传感器接收到的值：

　　因为处理器处理的速度非常快，因此在实际生活中点亮灯或关闭灯指令后面一般都要加上一定时间的延时（如 1 秒），让灯在接收下一条指令前保持现有状态。time 模块提供了具有延时功能的函数 sleep()，可以使用保留字 import 引用该模块，常用的引用方式如下：

```
>>> import time          import 模块名
>>> time.sleep(1)        表示延时 1 秒，以"模块名.函数名()"
                          形式调用
```

加入延时功能的程序如下。

```
1   import time  # 导入 time 模块
2
3   print('LED灯处于关闭状态……')
4   flag = False  # 灯是灭的
5   while True:
6       v = int(input('声音传感器接收到的值：'))
7       if v >= 350:  # 拍一次手
8           if flag == False:  # 或 if not flag:
9               print('点亮LED灯')
10              flag = True  # 灯亮
11          else:
12              print('关闭LED灯')
13              flag = False  # 灯灭
14      time.sleep(1)  # 表示延时1秒
```

英汉小词典

while [waɪl] while   循环（当……的时候）

import ['ɪmpɔ:t]   导入

time [taɪm]   时间

sleep [sli:p]   延时；睡觉

动动脑

1. 以下说法错误的是（   ）。

A. 一个无法靠自身的控制终止的循环称为"死循环"

B. Python 解释器无法检测出死循环

C. 编程中要尽量避免出现死循环，但在实际应用中，有时也需要用到死循环

D. 死循环属于语法错误

2. 阅读程序，写注释和运行结果。

```
1  import time  # _____
2
3  i =0
4  print('让程序睡一会儿')
5  while True:  # _____
6      i = i + 1
7      time.sleep(1)  # _____
8      print(f'睡了{i}秒……')
```

输出（写出前 5 行）：_____

3. 根据题意，编写程序。

某快递公司邮费的计算规则如下：重量在 500 克以内（含 500 克），收基本费 6 元；超过 500 克的部分，每 100 克加收超重费 2 元，不足 100 克部分按 100 克计算。即：

　　如果　重量 <= 500　那么

　　　　邮费 = 6

　　否则

　　　　邮费 = 6 + (重量 − 500 + 99) // 100 × 2

为了方便工作人员计费，请你编写程序实现以下两个功能：输入重量（单位为克），输出邮费；程序一直在运行，随时可以输入重量。

第25课 验 证 码
——随机模块

为了提高系统的安全性，许多网站在用户注册、登录或发表评论时，都需要输入验证码，只有验证码输入正确，才能进行相关的操作。

随机生成一个长度为 4 位、仅含数字和小写字母的验证码，供用户输入。如果输入正确，则进入下一步操作；否则，提示错误，并再次生成一个新的验证码，直到输入正确。

当输入错误时，将再次输入，直到输入正确。输入错误的次数是不确定的，可能是 0 次，也可能是 1 次或 2 次……而确定的是，当输入正确时，不再重复输入。

循环次数不确定但结束条件明确时，可以使用条件循环 while 语句。根据题目的要求，写出初步的解题思路：

永远循环

    生成验证码（每次都重新生成）

    输出验证码

    输入验证码

    如果 输入的验证码 等于 生成的验证码 那么

        跳出循环

    否则

        提示错误信息

    程序继续向下执行

编写这个程序，首先需要明确一个知识点：break 语句和 continue 语句在 while 循环中同样适用，作用与在 for 循环中一样。即，break 语句是提前结束当前层次的整个循环，continue 语句是提前结束某次循环。

然后需要解决一个关键问题：如何生成一个长度为 4 位、仅含数字和小写字母的验证码。解决这个关键的问题可以分成两步。

第一步：创建一个字符串，内含 10 个数字 0~9 和 26 个小写字母 a~z，共 36 个元素。

（1）创建一个含 10 个数字的字符串。

```
>>> txt1 = '0123456789'          方法 1：直接赋值
>>> txt1 = ''
>>> for i in range(10):          方法 2：利用 for 循环生成
        txt1 = txt1 + str(i)     转换为数字字符串，连接起来
```

（2）创建一个含 26 个小写字母的字符串。

```
>>> txt2 = 'abcdefghijklmnopqrstuvwxyz'     方法 1：直接赋值
>>> txt2 =''                    ord() 返回字符的 Unicode 码
>>> n = ord('a')
>>> for i in range(26):         方法 2：利用 for 循环生成
        txt2 = txt2 + chr(n+i)  chr() 根据 Unicode 码返回字符
                                逐个生成小写字母并连接
```

（3）连接数字串和小写字母串构成一个新的字符串。

```
>>> txt = txt1 + txt2
>>> txt
'0123456789abcdefghijklmnopqrstuvwxyz'
```

第二步，从这个长度为 36 的字符串中随机抽取 4 个元素。

此时需要引入随机模块（也称为随机库），引用的方法如下：

```
>>> import random          import 模块名
```

random 模块有许多随机数生成函数，这里介绍最常用的 4 个，如表 25.1 所示。

表　25.1

函数	作用
randint(a, b)	生成一个 [a,b] 之间的整数，含 a 和 b。
shuffle(s)	将可变序列 s 中的元素随机排列
choice(s)	从序列 s（如字符串）中随机返回一个元素
sample(s, k)	返回一个从序列 s 中随机选取 k 个元素的列表

如果使用 random.randint( ) 函数，怎样才能从一个长度为 36 的字符串中随机抽取 4 个元素？ randint( ) 函数生成的是整数，字符串元素的索引是整数。利用 randint( ) 函数随机生成一个整数作为索引，以这个索引访问字符串相应的元素，达到随机抽取的目的。

```
>>> n = random.randint(0, 35)
>>> n                              以"模块名.函数名()"的形式调用
5
>>> txt[n]
'5'
```

使用 random.randint( ) 函数生成随机数，本课的程序如下。

```
1   import random
2
3   txt = '0123456789'
4   txt = txt + 'abcdefghijklmnopqrstuvwxyz'
5   while True:
6       ma = ''
7       for i in range(4):        # 生成的验证码长度为4
8           n = random.randint(0, 35)  # 索引
9           ma = ma + txt[n]      # 拼接
10      print('验证码: '+ma)
11      ans = input('输入验证码: ')
12      if ans == ma:
```

```
13              break
14          else:
15              print('输入的验证码不正确！')
16  print('输入的验证码正确，程序继续执行……')
```

运行结果

验证码：e393 ——— 生成的验证码是随机的

输入验证码：a393

输入的验证码不正确！

验证码：fd7j

输入验证码：fd7j

输入的验证码正确，程序继续执行……

如果使用 random.shuffle( ) 函数，怎样才能从一个长度为 36 的字符串中随机抽取 4 个元素？ shuffle( ) 的作用是将可变序列对象中的元素随机排列，返回打乱次序的序列对象。如果将可变序列对象看成是一副纸牌，那么 shuffle( ) 函数就是洗牌，将原序列对象中的元素随机打乱次序。需要注意的是，返回的是打乱次序后的序列对象不是一个新创建的对象，而是修改元素次序的原对象。

字符串是不可变序列，列表是可变序列。使用 shuffle( ) 函数前，应将字符串转化为字符串列表，然后再将这个字符串列表用 shuffle( ) 打乱，最后抽取 4 个元素即可。抽取 4 个元素，就相当于"抓 4 张牌"，"抓牌"的时候可以连续抓（如抽取索引 0～3 或 1～4 或 2～5 的元素等），也可以断断续续抓（如选取索引为 1,4,10,25 的元素等）。

```
>>> txt = '0123456789abcdefghijklmnopqrstuvwxyz'
>>> lst = list(txt)
>>> lst
['0', '1', '2', '3', '4', '5', '6', '7', '8', '9', 'a', 'b',
'c', 'd', 'e', 'f', 'g', 'h', 'i', 'j', 'k', 'l', 'm', 'n',
'o', 'p', 'q', 'r', 's', 't', 'u', 'v', 'w', 'x', 'y', 'z']
>>> import random
```

```
>>> random.shuffle(lst)          ← 洗牌
>>> lst    ←          将原对象元素的次序随机打乱
['x', '4', 'j', '6', 'q', 'a', '0', 'e', 'f', 's', 't', 'v',
'c', 'y', '3', 'p', 'h', 'k', '1', 'i', 'u', 'm', '8', 'w',
'd', '5', 'r', 'b', '9', '7', 'z', '2', 'g', 'o', 'n', 'l']
```

使用 random.shuffle( ) 函数，本课的程序如下。

```
 1  import random
 2
 3  txt = '0123456789abcdefghijklmnopqrstuvwxyz'
 4  lst = list(txt)
 5  while True:
 6      random.shuffle(lst)  # 列表lst元素次序随机打乱
 7      ma = ''.join(lst[0:4])  # 选前4个字符聚合成验证码
 8      print('验证码: '+ma)
 9      ans = input('输入验证码: ')
10      if ans == ma:
11          break
12      else:
13          print('输入的验证码不正确! ')
14  print('输入的验证码正确，程序继续执行……')
```

运行结果

验证码: 35pa ← 生成的验证码是随机的

输入验证码: 35PA↵

输入的验证码不正确!

验证码: 8yq9

输入验证码: 8yq9↵

输入的验证码正确，程序继续执行……

注意，本课中由函数 randint( ) 实现的随机与 shuffle( ) 实现的随机在策略上是有差别的，产生的效果也是不一样的。

调用 randint( ) 函数 4 次随机生成的 4 个整数，生成的 4 个整数可能会出现相同，也可能互不相同。如果出现相同的整数，那么就会抽到相同的字符。因此，由 randint( ) 实现的随机验证码，可能会出现某两位或几位字符相同的情况。

shuffle( ) 函数是"洗牌"，只将原序列中元素随机打乱，元素不会增加也不会减少。抽取的前 4 个元素一定是互不相同的。因此，由 shuffle( ) 实现的随机验证码，各个字符一定是互不相同的。

从指定的字符串中随机选取 4 个元素作为验证码，选用 random.sample( ) 函数实现会更加方便。因为 sample( ) 函数的功能就是从序列中随机选取若干个元素，而且选取的元素一定是互不相同的，可以输入以下代码进行验证。

```
1  import random
2
3  txt = '0123'
4  for i in range(4):
5      print(random.sample(txt, 3))
```

运行结果

['1', '3', '2']

['3', '1', '2']

['0', '1', '3']

['3', '2', '0']

使用 sample( ) 函数解决本课问题的代码与使用 shuffle( ) 函数编写的代码基本相同，同学们可以相互讨论后上机编写。

英汉小词典

random [ˈrændəm]　随机

randint [ˈrændɪnt]　随机整数

shuffle [ˈʃʌfl]　洗牌

sample [ˈsæmpl]　取样

choice [tʃɔɪs]　选择

动动脑

1. 运行下列程序，x 的值最大时可能会是（　　　）。

```
1  import random
2  x = 10 + random.randint(0, 89)
```

A. 10 　　　　　　　　　　　B. 89

C. 99 　　　　　　　　　　　D. 100

2. 阅读程序，写注释和运行结果。

```
1  import random
2
3  x = list(range(11, 19)) # _____
4  while True:  # _____
5      i = random.choice(x) # _____
6      if i % 5 == 0: # _____
7          print(i)
8          break    # _____
```

输出：_____

3. 根据题意，编写程序。

狐狸老师上课与同学们互动时，想用抽签程序，程序抽到谁就请谁参与交流。狐狸老师想实现以下功能：

（1）用列表将同学们的姓名保存起来。

（2）程序运行后，按 Enter 键才出现一位参与交流同学的名字。

（3）再按一下 Enter 键，又出现一位同学的名字（允许重复）。

（4）程序一直运行，直到输入字母 Q 或 q 时才停止。

请你选本班 5～10 位同学的名字，利用 random.choice( ) 编写这个程序。注：random.choice(s) 的作用是从序列 s（如列表）中随机返回一个元素。

第 26 课　每天进步一点

——两种循环的比较

好好学习，每天进步一点，坚持一年可以进步多少？若一年按 365 天计算，将第 1 天的能力值记作 1.0，好好学习能力值将比前一天提高 1%，坚持一年后，这个能力值为多少？

请编写程序算一算。

可以先选几天算一下，观察这个能力值究竟是如何变化的，以便尽快找到变化的规律。

第 1 天，能力值为 1。

第 2 天，能力值为 $1 \times (1+0.01)$。

第 3 天，能力值为 $[1 \times (1+0.01)] \times (1+0.01)$。

第 4 天，能力值为 $[1 \times (1+0.01) \times (1+0.01)] \times (1+0.01)$。

……

根据上面的计算过程，可以写出初步的解题思路。

初始的能力值 ← 1

循环，从 2 天到第 365 天

　　当天的能力值 ← 前一天的能力值 * $(1 + 0.01)$

输出第 365 天的能力值

"循环，从 2 天到第 365 天"，共循环 364 次，循环次数是确定的，因此可以用遍历循环实现，本课的程序如下。

```
1  n = 1
2  for day in range(2, 365+1):
3      n = n * (1 + 0.01)
4  print(n)
```

运行结果

37.40934092365077

循环次数确定的循环，编写程序时可以用遍历循环 for，也可以用条件循环 while。不过，使用 while 循环时需要增加一个变量参与循环次数的控制。使用 while 循环解决本课的问题，程序如下。

```
1  n = 1
2  day = 1  # 用于控制循环次数
3  while True:
4      day = day + 1
5      n = n * (1 + 0.01)
6      if day >= 365:
7          break
8  print(n)
```

运行结果

37.40934092365077

用 while 语句编写程序时，使用 "while True...if...break" 的形式会比较容易，等这种形式运用熟练了，就可以使用 "while 条件" 形式，这样代码会更简洁。不过按 "while 条件" 格式写语句，确定 "条件" 时一定要审清题意，仔细思考，确定边界值，不要出错。本课使用 "while 条件" 的格式编写的程序如下。

```
1  n = 1
2  day = 1  # 用于控制循环次数
3  while day < 365:  # 当条件成立时执行循环
4      day = day + 1
```

```
5      n = n * (1 + 0.01)
6  print(n)
```

运行结果

37.40934092365077

好好学习，天天向上。若将第 1 天的能力值记作 1.0，能力值每天比前一天提高 1%，坚持一年后能力值就是 364 个（1+0.01）连乘的积，也可以用幂运算符直接计算。

```
>>> (1 + 0.01) ** 364
37.409340923650774
```

每天进步一点点，久而久之，你会发现自己已经强大到别人只能仰望的程度了。加油！

动动脑

1. 执行下列程序，运行结果是（   ）。

```
1  i = 0
2  while i <= 5:
3      i = i + 1
4      if i % 2 == 0:
5          continue
6      if i >= 4:
7          break
8  print(i, end=' ')
```

A. 1 3 5   B. 2 4   C. 1 2 3 4 5   D. 1 3

2. 阅读程序，写注释和运行结果。

```
1  i=2
2  while i < 4:
3      print(i, end=',')
```

```
4        i = i + 1   # 改变 i 的值会不会影响循环次数？ _____
5    print(i)
6
7    i = 2
8    for i in range(i+2):   # i+2会不会动态变化？ _____
9        print(i, end=',')
10       i = i + 5   # 改变 i 的值会不会影响循环次数？ _____
11   print(i)
```

输出：_____

3. 根据题意，编写程序。

暑假期间，尼克外出游玩时经过一条有趣的加法计算路，如图 26.1 所示。

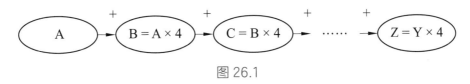

$$A \xrightarrow{+} B = A \times 4 \xrightarrow{+} C = B \times 4 \xrightarrow{+} \cdots\cdots \xrightarrow{+} Z = Y \times 4$$

图 26.1

这条加法计算路以路口 A 为起点，路口 Z 为终点，中间有 B，C，……，Y，24 个数字路口。规定从 A 出发，按字典序依次经过每个数字路口，当到达目的地 Z 时，要求报出所有路口数字相加求和的结果，游戏结束。

输入 A 的值，输出运算结果。例如，输入 1，输出 1501199875790165。

第 27 课　百钱买百鸡

——循环嵌套

　　百钱买百鸡问题是一道经典的数学题，也是一道经典的编程题，题目的大意是：公鸡 5 文钱一只，母鸡 3 文钱一只，小鸡 1 文钱三只，用 100 文钱买 100 只鸡，其中公鸡、母鸡、小鸡都必须要有，问公鸡、母鸡、小鸡各买多少只刚好凑足 100 文钱。

> 编写程序，求出公鸡、母鸡、小鸡各有多少只。

　　根据"公鸡 5 文钱一只""公鸡、母鸡、小鸡都必须要有"这两个条件，得出公鸡最少买 1 只，最多买 19 只。同理可以得出母鸡最少买 1 只，最多买 31 只。"小鸡 1 文钱三只"可以得出小鸡一定是 3 只 3 只地买（即小鸡的只数是 3 的倍数），因此，小鸡的只数最少是 3 只；再结合"买 100 只鸡""公鸡、母鸡、小鸡都必须要有"这两个条件可以初步得出，小鸡的只数最多可以是 96 只。计算每种鸡只数的上限不必很精准，值可以稍大一点，后期可以根据实际情况进行优化。

　　利用枚举算法解该问题，枚举的对象可以是三种鸡的只数，或者枚举其中两种鸡的只数，再利用"100 只鸡"这个条件算出另一种鸡的只数。选用枚举公鸡、小鸡的只数写出解题思路：

　　枚举 公鸡的只数 从 1 只到 19 只，每次增加 1 只

　　　枚举 小鸡的只数 从 3 只到 96 只，每次增加 3 只

　　　　母鸡的只数 ← 100 – 公鸡的只数 – 小鸡的只数

如果 买所有鸡所需的钱 **等于 100 元 那么**
　　输出三种鸡的只数

根据以上解题思路，写出如下的程序代码：

```
1  for g in range(1, 20):    # 公鸡
2      for x in range(3, 97, 3):    # 小鸡
3          m = 100 - g - x    # 母鸡
4          if g*5+m*3+x//3 == 100:    # 100文钱
5              print(f'公鸡: {g}  母鸡: {m}  小鸡: {x}')
```

运行结果

公鸡: 4　母鸡: 18　小鸡: 78

公鸡: 8　母鸡: 11　小鸡: 81

公鸡: 12　母鸡: 4　小鸡: 84

公鸡: 16　母鸡: -3　小鸡: 87

观察运行结果，可以发现两个问题：

（1）运行结果的最后一行，母鸡为 -3 只，这显然不符合实际情况，说明设计的算法还不够严谨，此时需要增加一个条件：母鸡的只数为正整数，即大于零。

（2）运行结果中各行的"母鸡""小鸡"文字没有对齐。为了解决文字的对齐问题，可以在字符串的 f 常量法中增加格式控制符 {:2d}。如 f'{g:2d}'，表示整型变量 g 占 2 位，不足两位时前面补空格。

优化后的程序如下：

```
1  for g in range(1, 20):    # 公鸡
2      for x in range(3, 97, 3):    # 小鸡
3          m = 100 - g - x    # 母鸡
4          if g*5+m*3+x//3 == 100 and m > 0:
5              print(f'公鸡: {g:2d}  母鸡: {m:2d}  小鸡: {x:2d}')
```

运行结果

公鸡： 4　母鸡：18　小鸡：78

公鸡： 8　母鸡：11　小鸡：81

公鸡：12　母鸡： 4　小鸡：84

程序运行时，各循环变量的变化如表 27.1 所示。

表　27.1

循环变量 g	循环变量 x
1	3
	6
	9
	…
	96
2	3
	6
	9
	…
	96
…	…
19	3
	6
	9
	…
	96

　　在循环体中又引入循环语句的方式，称为循环的嵌套，处于外层的循环称为外循环，处于内层的循环称为内循环。根据嵌套的层数可以分为双重循环、三重循环等。

动动脑

1. 执行下列程序，运行结果是（　　　）。

```
1  cnt = 0
2  for i in range(10):
3      for j in range(100):
4          cnt = cnt + 1
5  print(cnt)
```

A. 10　　　　　B. 100　　　　C.110　　　　D.1000

2. 阅读程序，写注释和运行结果。

```
1  for i in '你我他':  # _____
2      for j in '好的大牛':  # _____
3          print(i+j)
```

输出：_____

3. 根据题意，编写程序。

输入一个不含零且各个数位互不相同的数字串，选其中一个或两个数字组成一个两位数，输出所有可能的组合。

输入：123

输出：11 12 13 21 22 23 31 32 33

单 元 检 测

一、单选题

1. 下列不是 Python 语言的保留字的是（　　）。

    A. for   B. while   C. break   D. print

2. 下列说法错误的是（　　）。

    A. 在 Python 中有 while 和 for 循环

    B. while 循环只能用来实现无限循环的编程

    C. 循环结构可以带 else 子句

    D. break 是终结一个循环的保留字

二、阅读程序，写运行结果

```
1  n = eval(input())
2  for i in range(n, 0, -1):
3      print('*'*i)
```

输入 1：3   输入 2：7

输出 1：_____   输出 2：_____

```
1  n = int(input())
2  ans = 0
3  for i in range(n+1):
4      t = str(i)
5      if t[-1] in '13579':
6          ans = ans + 1
7  else:
8      print('循环正常结束')
9  print(ans)
```

输入 1: 5　　　　　　　　　　　输入 2: 1000

输出 1: _____　　　输出 2: _____

```
1  a = input()
2  for i in range(len(a)-1):
3      if a[i] > a[i+1]:
4          break
5  a = a[:i] + a[i+1:]
6  print(a)
```

输入 1: 123454　　　　　　　　输入 2: 98761

输出 1: _____　　　输出 2: _____

三、根据题意，编写程序

1. 求 $1 \times 1 + 2 \times 2 + 3 \times 3 + \cdots + 20 \times 20$ 的和。

2. 狐狸老师想请你编写一个统计各班人数的程序，要求实现以下功能：同一行输入某个班的男生、女生人数（两个数之间以空格分隔），输出这个班的总人数；程序一直运行，直到输入 -1 -1 终止。

3. 狐狸老师准备将一些笔奖励给 n 个小朋友，要使每个人都能有奖励，而且每个人得到的笔的支数都不同，请问狐狸老师至少准备多少支笔？输入 n 的值，输出要准备的笔最少的支数。如，输入 5，输出 15；输入 10，输出 55。

4. 在数据处理的过程中，整数的前导有时会产生多余的零，这时就要删除整数前导多余的零。如 001，前导有 2 个多余的零，删除后为 1；又如 0000，前导有 3 个多余的零，删除后为 0。请你编写程序实现这个功能，输入的数确保是正整数或零。

5. 格莱尔有 n 根小棒，每根小棒已按长度由大到小排好，她想从这些小棒中选出 4 根，拼成一个长方形（含正方形），问拼成的长方形最大的面积是多少？

输入 1:　　　　　　　　　　　输入 2:

10　10　8　8　5　4　　　　　10　10　8　5　3　2　1

输出 1:　　　　　　　　　　　输出 2:

80　　　　　　　　　　　　　0

四、我出题，我们一起做

问题描述：_____

_____

_____

_____

输入：_____

输出：_____

第 **4** 单元

函数

函数是一段具有特定功能的、可重用的语句组，用函数名来表示并通过函数名进行功能调用。可以利用函数对程序进行模块化设计。

有人说，函数是一盏神奇的"阿拉丁神灯"，你呼唤它的名字，它就会来到你身边。

第 28 课 洗 衣 机

——函数的定义与参数

1910 年，美国的费希尔在芝加哥试制成功世界上第一台电动洗衣机。电动洗衣机的问世，标志着人类家务劳动自动化的开端。

如果是人工洗衣服，每次都要经过"浸水、加皂、洗刷、漂清"等环节，才能把衣服洗干净。如果是利用洗衣机来洗衣服，"浸水、加皂、洗刷、漂清"等每次都要重复的工作都由洗衣机完成，人们只要"调用"洗衣机即可。

> 在编写程序时，可以将一段具有特定功能的、可重用的语句组"封装"成一个函数，使用时只要调用就可以。

函数，有内置函数（如 print( )、eval( ) 等），有标准库（模块）中的函数（如 random 库中的 randint( )）等，有第三方库中的函数，还有在程序中由用户自己定义的函数（即自定义函数）。Python 使用 def 保留字定义一个函数，如：

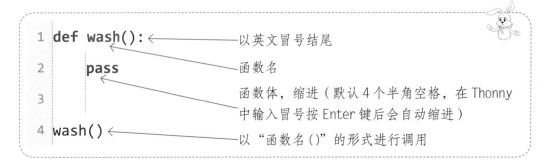

```
1 def wash():        ← 以英文冒号结尾
2     pass            ← 函数名
3                      函数体，缩进（默认 4 个半角空格，在 Thonny
                       中输入冒号按 Enter 键后会自动缩进）
4 wash()             ← 以"函数名( )"的形式进行调用
```

函数要先定义再调用。此时，第 1 行至第 2 行，定义了一个函数 wash()，函数体无任何实质性的语句，先用空语句 pass 占位，保证自定义函数的完整性。第 4 行，调用了 wash( ) 函数。为了方便阅读，一般在自定义函数时，可以在语句块的最前面和最后面加上一个空行，这样层次会更清楚。

模拟洗衣机洗衣服的步骤，完善自定义函数 wash()。

```
1  def wash():  # 定义wash()函数
2      print('开始洗，浸、皂、洗、漂……')
3      print('完成')
4
5  wash()  # 调用wash()函数
```

运行结果

开始洗，浸、皂、洗、漂……
完成

小知识

函数定义后，如果不经过调用，是不会被执行的。

为了有更好的洗涤效果，现在的洗衣机都提供了"棉织物、化纤、丝绸、羊毛"等模式，可以把衣服按面料分类来洗。为了实现此功能，可以在自定义函数 wash( ) 中加入参数。在定义函数时，圆括号中的参数称为形参；在调用函数时，传递给函数的数据被称为实参。

```
1  def wash(mode):  # 形参mode
2      print(f'选择{mode}模式')
3      print('开始洗，浸、皂、洗、漂……')
4      print('完成')
5
6  wash('混合')  # 实参'混合'
```

```
7    wash('化纤')   # 实参'化纤'
```

运行结果

选择混合模式

开始洗，浸、皂、洗、漂……

完成

选择化纤模式

开始洗，浸、皂、洗、漂……

完成

为了方便用户的使用，许多洗衣机还提供"转速、水温"等选项，当用户选择洗衣模式后，未设置转速、水温等参数时，洗衣机会自动按默认值洗衣服。在 Python 中自定义函数时，可以定义多个形参，不同的参数之间用逗号隔开，同时可以为参数提供默认值。

```
1    def wash(mode, r=1000, w=30):   # 为转速r、水温w提供默认值
2        print(f'选择{mode}模式，转速{r}，水温{w}℃')
3        print('开始洗，浸、皂、洗、漂……')
4        print('完成')
5
6    wash('化纤')   # 转速、水温按默认值
7    wash('羊毛', 800, 30)   # 转速、水温的值按参数的位置传递
8    wash('筒自洁', r=1200, w=90)   # 按参数的名称传递
```

运行结果

选择化纤模式，转速 1000，水温 30℃

开始洗，浸、皂、洗、漂……

完成

选择羊毛模式，转速 800，水温 30℃

开始洗，浸、皂、洗、漂……

完成

选择筒自洁模式，转速 1200，水温 90℃

开始洗，浸、皂、洗、漂……

完成

调用函数时，实参默认采用按照位置顺序的方式传递给函数，如第 7 行代码。调用也可以同时指定参数的值和名称，如第 8 行代码。这种按照形参名称输入实参的方式，我们在使用 print( ) 函数时就已经使用过，参数 sep 和 end 的值就是通过名称传递的。

```
>>> print(1949, 10, 1, sep='/', end='\n')
1949/10/1
```

小·知·识

　　调用函数时，参数按默认的位置传递值的，称为位置参数；按参数的名字传递值的，称为关键参数。

编写程序时，可以将一个复杂的大问题分解成一个个子问题，然后将子问题分成更小的小问题。将每个小问题的代码封装进函数后，通过函数名进行调用，会让程序在结构上变得简单。同时解决各个子问题时，有些小问题的代码是一样的或是相近的，此时便不用重新编写，可以直接调用相应的函数，调整参数，实现代码的复用。

英汉小词典

　　def [def]　定义，define 的缩写

动动脑

　　1. 下列说法错误的是 (　　　)。

　　　A. 定义函数时以 def 保留字开头

　　　B. 函数不需要接收任何参数时，可以省略一对空的圆括号

　　　C. 函数主体必须保持一定的缩进，一般是四个空格

D. 函数可以实现代码的复用

2. 阅读程序，写注释和运行结果。

```
1  def copy(ch, n=1):        #
2      print(ch*n)
3
4  copy('Py')                #
5  copy('Py', 2)             #
6  copy('Py', n=0)           #
```

输出：_____

3. 根据题意，编写程序。

重要的话说三遍，自定义一个函数，参数为重要的话，调用它能把重要的话输出三遍，具体要求如下：

（1）重要的话，可以从下文中选或自己拟定。

生命在于运动。

保持善良，保持努力。

优秀是一种习惯，越努力越幸运。

（2）重要的话可以运行时输入，也可以在程序中先赋值给变量。

（3）建议选一句话作为函数参数的缺省值。

第 29 课 温 差

——函数的返回值

"早穿棉袄，午穿纱，抱着火炉吃西瓜。"我们常常用这句话来形容我国新疆地区的昼夜温差大。

> 现输入一行包含若干气温的数据，表示某地某天不同时刻的气温，求出这一天的温差。

如果输入的数据是 18.4、10、12、8，那么这一天的最高气温是 18.4℃，最低气温是 8℃，温差为 18.4-8=10.4℃。

求某一天的温差，首先要找出当天的最高与最低气温，然后求出最高与最低气温的差值，就是这天的温差。根据以上想法，写出初步的解题思路。

气温 ← 输入一行数据

将输入的每一个气温转换成为浮点数类型

最高气温 ← 从"气温"中找到最大值

最低气温 ← 从"气温"中找到最小值

温差 ← 最高气温－最低气温

解决这个问题的最关键步骤是找到最高与最低气温。一天中不同时刻的气温是浮点数，用列表保存最合适。因此，找到最高与最低气温的问题就相当于在列表中搜索出值最大的元素和值最小的元素。搜索时可以采用的策略是遍历每一个元素，线性搜索"最值"。可以将搜索"最值"的步骤封装成一个自定义的函数，以求最大值为例，写出进一步细化的解题思路。

定义函数　求最大值（列表）：

当前的最大值　←　极小值

循环　循环变量　遍历列表的每一个元素

如果　循环变量引用的值　大于　当前的最大值　那么

当前的最大值　←　循环变量引用的值

返回　当前的最大值

本课的程序如下。

```python
def max_n(lst):  # 求最大值
    res = float('-inf')  # float('-inf')表示无穷小
    for i in lst:
        if i > res:
            res = i
    return res  # 返回最大值

def min_n(lst):  # 求最小值
    res = float('inf')  # float('inf')表示无穷大
    for i in lst:
        if i < res:
            res = i
    return res  # 返回最小值

n = input('一天的若干气温: ').split()
for i in range(len(n)):
    n[i] = float(n[i])
ans = max_n(n) - min_n(n)
print('温差: ', ans)
```

运行结果

一天的若干气温：18.4 10 12 8↵

温差：10.399999999999999

浮点数运算后有时会存在误差，可以将运算结果保留一位小数，即将第

19 行代码做如下修改：

```
19    print(f'温差: {ans:.1f}')   # ".1f"表示结果保留一位小数
```

通常，函数都是用 return 语句作为结束，返回一个或多个值（即对象）。如果设置多个返回值，默认以元组（一种用小括号包围多个数据的数据类型）的方式返回数据。如果没有写 return 语句，Python会默认是 return None。如果 return 后面没有任何值，调用的返回值也为None。None 为空值，它是 Python 中一个特殊的值，虽然它不表示任何数据，但仍然具有重要的作用。

定义函数时，参数是输入，函数体是处理，返回的结果是输出，这是另一种形式的 IPO。

在 Python 中有内置函数 max( ) 和 min( )，可以分别返回某个序列中值最大的元素和值最小的元素。

```
>>> min('abcd')          ←——————————— 返回值最小的元素
'a'
>>> min([18.4, 10, 12, 8]) ←————————— 返回值最小的元素
8
>>> max(1, 2, 3)         ←——————————— 返回值最大的元素
3
>>> max([18.4, 10, 12, 8]) ←————————— 返回值最大的元素
18.4
```

内置函数 map( ) 能够对序列中的元素进行类型转换（准确地说，是会根据提供的函数对指定的序列做映射），map( ) 函数返回值是一个 map 对象。

```
>>> n = ['1', '2', '3']            返回一个 map 对象，将列表 n 中
>>> map(int, n) ←——————————        的各个元素映射为 int 类型
<map object at 0x03168ED0>
```

```
>>> list(map(int, n))         ←——————— "转换"成列表
[1, 2, 3]
>>> n = input('一天的若干气温：').split()
 一天的若干气温：18.4  10  12  8↵
>>> n                         ——— 列表中的元素是字符串类型
['18.4', '10', '12', '8']          返回一个 map 对象，将列表 n 中各个
>>> map(float, n)←            元素映射为 float 类型
<map object at 0x031A800F0>
>>> list(map(float, n))←———— 返回一个列表对象
[18.4, 10.0, 12.0, 8.0]
```

运用内置函数，本课的程序如下。

```
1  n = input('一天的若干气温：').split()
2  n = list(map(float, n))    # 将列表n中各个元素映射为浮点数
3  ans = max(n) - min(n)
4  print(f'温差：{ans:.1f}')   # ".1f"表示结果保留一位小数
```

运行结果

一天的若干气温：18.4 10 12 8↵

温差：10.4

英汉小词典

return [rɪ'tɜːn]　返回

map [mæp]　映射

动动脑

1. 关于 Python 中的函数说法不正确的是（　　　）。

　　A. 自定义函数时，可以设置返回值，也可以不设置返回值

　　B. 函数的返回值，可以是零个或一个或多个

　　C. 函数中必须有 return 语句

　　D. 不需要指定函数的返回值类型，由 return 语句返的值来确定

2.阅读程序，写注释和运行结果。

```
1  def add(x, y):              #  _____
2      Sum = x + y             #  _____
3      return Sum              #  _____
4
5  lst = [1.0, 2.1]
6  a, b = map(int, lst)        #  _____
7  print(add(a, b))
8  a, b = map(str, lst)        #  _____
9  print(add(a, b))
```

输出：_____

3.根据题意，编写程序。

最是书香能致远，风之巅社团的同学们每天都坚持阅读，阅读已成为一种生活方式。狐狸老师想了解一下某一天同学们每人的平均阅读时间是多少，请你帮帮他。

在同一行内输入若干个以逗号分隔的整数，表示某一天每位同学的阅读时间（单位为分），输出每人的平均阅读时间，结果保留两位小数。求每人的平均阅读时间由自定义函数完成。

第30课 废钢回运
——变量作用域

世界上美好的东西都是由劳动的双手创造出来的。一天，尼克参加了学校组织的走进工厂实践活动，他参与了"废钢回运"项目：有一批废旧的圆柱形钢材需运回钢铁厂重新冶炼，为了方便运输，需要把它们切割成长短一样的小段。原钢材及切割后各小段的长度均以米为单位，在所有可行方案中，选择切割次数最少的那种方案。

> 已知每根钢材的长度（均为正整数），你能帮尼克算出切割出来的每个小段的长度吗？

如果只有一根钢材，切割次数最少的方案就是不切，切割 0 次。

如果有 2 根钢材，怎么切？假设 2 根钢材的长度分别为 2 米和 8 米，因为切割后各小段的长度均以米为单位，所以只能切割成整米的长度。切割后各小段的长短要一样，因此，此时每根可以按 1 米为单位进行切割，也可以按 2 米为单位进行切割。如果以 1 米为单位进行切割，2 米长的钢材需要切 1 次，8 米长的钢材需要切 7 次，共 8 次。如果以 2 米为单位进行切割，2 米长的不用切割，8 米长的需要切割 3 次，共 3 次。因此，可以得出一个初步的结论：切割后的各小段长度越长，切割次数越少。

如果有 3 根钢材，怎么切？假设 3 根钢材的长度分别为 10 米、20 米和 30 米，怎么切？根据前面得出的结论，选 10 米为一小段进行切割，切割的次数最少。

......

如果要使切割后各小段的长度尽可能地长，那么这个最大的长度是多少？这个最大的长度就是各根钢材长度的最大公因数。因此，原问题就转化为求 n 个正整数的最大公因数问题。

如何才能求出 n 个正整数的最大公因数？可以先求出第 1 个数与第 2 个数的最大公因数，然后再求出前 2 个数的最大公因数与第 3 个数的最大公因数……直到求出 n 个数的最大公因数为止。

这样，将"求 n 个正整数的最大公因数"问题就转化为"求两个正整数的最大公因数"问题。

> 解决这个问题的关键是设计一个求两个正整数最大公因数的函数，实现代码的复用，然后多次调用。

求两个正整数最大公因数的方法有很多，这里介绍一种最常用的方法——枚举法。可以从小到大枚举，也可以从大到小枚举，那么选用哪种方法更方便呢？

以求 30 和 60 的最大公因数为例。如果从小到大枚举，依次枚举到的公因数是 1，2，3，5，6，10，15，30；如果从大到小枚举，依次枚举到的公因数是 30，15，10，6，5，3，2，1。

最大公因数是两个数的公因数中最大的那个，因此 30 和 60 的最大公因数是 30。从小到大枚举，一直要枚举完所有的公因数才能确定结果。从大到小枚举，找到第一个公因数，便是最大的公因数。因此，求两个正整数的最大公因数时，选用从大到小的枚举方法更方便，解题思路如下。

> **定义**　求两个正整数最大公因数的函数 (a, b)
>
> 　　枚举开始的数 n　←　min(a, b)
>
> **循环**　循环变量 i　遍历　枚举开始的数 n 到 1 的所有整数
>
> 　　**如果**　<u>找到第一个 a 和 b 的公因数</u>　**那么**
>
> 　　　**返回**　该公因数

本课的程序如下。

```
1  def gcd(a, b):  # 定义求a, b的最大公因数的函数
2      n = min(a, b)
3      for i in range(n, 0, -1):
4          if a % i == 0 and b % i == 0:
5              ans = i
6              return ans
7
8  lst = input('每根钢材的长度:').split()
9  lst = list(map(int, lst))  # 将lst的每个元素"转换"为整型
10 if len(lst) == 1:
11     ans = lst[0]
12 else:
13     ans = gcd(lst[0], lst[1])
14     for i in range(2, len(lst)):
15         ans = gcd(ans, lst[i])
16 print(ans)
```

第3行注释：步长为负是从右往左看，在 n 和 0 的前面（右边）"切"一刀
0↓1 2 … n-1 n↓

第14行注释：当 lst 只有 2 个元素时，此循环不会执行

运行结果

每根钢材的长度：<u>30 60</u>↵

30

第 5 行和第 11 行都有 ans 变量，它们不是同一个变量。它们的作用域不一样，第 5 行的 ans 变量，只在 gcd() 函数内起作用；第 11 行的 ans 变量，在程序执行全过程有效。

小知识

变量起作用的代码范围称为变量的作用域，不同作用域内同名变量互不影响，就像不同文件夹中可以有相同的文件名一样。按作用域划分，变量可分为局部变量和全局变量。

如果一个变量不属于任何函数，那么它是全局变量。在函数内直接定义的普通变量是局部变量，只可以在该函数内使用，当函数运行结束后，在其

内部定义的所有局部变量将被自动删除从而不可访问。如，第 5 行的 ans 是局部变量，第 11 行的 ans 是全局变量。在 Python 中全局变量的使用方法与一般的高级语言的使用方法有所不同，请用心体会下面的程序。

```python
1  def fun():
2      ans = 1  # 赋值后，此处ans就是局部变量
3      print(ans)
4
5  ans = 100   # 此处的ans是全局变量
6  fun()
7  print(ans)
```

运行结果

```
1
100
```

```python
1  def fun():
2      print(ans)   # 未赋值，此时ans就是全局变量
3
4  ans = 100   # 此处的ans是全局变量
5  fun()
6  print(ans)
```

运行结果

```
100
100
```

```python
1  def fun():
2      global ans   # 声明此处使用的ans是全局变量
3      ans = 1   # 声明后，ans就是全局变量
4      print(ans)
5
6  ans = 100   # 此处的ans是全局变量
7  fun()
8  print(ans)
```

运行结果

```
1
1
```

标准模块 math 是一个数学模块，它提供了大量与数学计算有关的函数。例如，math.gcd(x, y) 可以返回整数 x 和 y 的最大公因数。

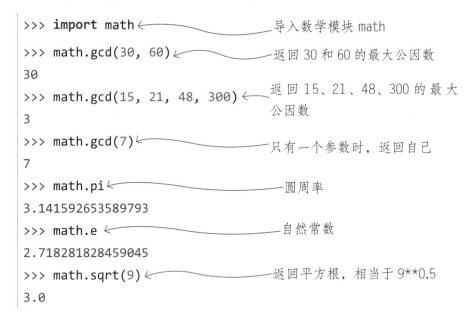

```
>>> import math                      ← 导入数学模块 math
>>> math.gcd(30, 60)                 ← 返回 30 和 60 的最大公因数
30
>>> math.gcd(15, 21, 48, 300)        ← 返回 15、21、48、300 的最大
3                                        公因数
>>> math.gcd(7)                      ← 只有一个参数时，返回自己
7
>>> math.pi                          ← 圆周率
3.141592653589793
>>> math.e                           ← 自然常数
2.718281828459045
>>> math.sqrt(9)                     ← 返回平方根，相当于 9**0.5
3.0
```

动动脑

1. 关于 python( ) 函数下列说法不正确的是（   ）。

　A. 变量起作用的代码范围称为变量的作用域

　B. 在函数内如果只是引用某个变量的值而没有赋新值，该变量为全局变量

　C. 用保留字 global 声明函数内部的局部变量

　D. 不同作用域内同名变量之间互不影响

2. 阅读程序，写注释和运行结果。

```
1  def gcd(a, b):           # _____
2      while a != b:        # _____
```

```
3          if a < b:
4              a, b = b, a
5          a = a - b
6      return a                      # _____
7
8  x, y = map(int, input().split()) # _____
9  print(gcd(x, y))
```

输入 1：10 10　　　　　　　　输入 2：2 8

输出 1：_____　　输出 2：_____

3. 根据题意，编写程序。

辗转相除法是一种求解最大公因数的方法。它的算法步骤如下：

（1）求出两个整数相除的余数。

（2）当余数不为零（不能整除）时，除数作为新的被除数，余数作为新的除数，求出新的余数。

（3）直到余数为零时结束，此时除数就是最大公因数。

例如，利用辗转相除法求 14 与 21 的最大公因数的步骤如图 30.1 所示。

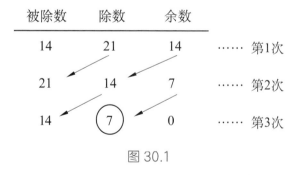

图 30.1

第 1 次：求出 14 除以 21 的余数，余数为 14。此时余数不为 0，除数 21 变成被除数，余数 14 变成除数。

第 2 次：求出 21 除以 14 的余数，余数为 7。此时余数不为 0，除数 14 变成被除数，余数 7 变成除数。

第 3 次：求出 14 除以 7 的余数，余数为 0。

此时余数为 0，除数 7 就是最大公因数。

同一行输入 2 个正整数（以空格分隔），利用辗转相除法输出它们的最大公因数，其中辗转相除的过程由自定义函数实现。

第31课 跑出气质

——函数的副作用与纯函数

跑出整齐的队列，跑出轻快的节奏，跑出学生的气质。风之巅小学每天都要组织同学开展"跑操"训练，"跑操"时每个小队都是按同学们个子的高矮排的，个子高的排在前面，个子矮的排在后面。新学期，转入一位同学，他应该排在哪个位置呢？

> 已知某小队原有 5 人，他们的身高分别为 140，138，137，125，120，现输入转入同学的身高，请按从前往后的顺序输出原队伍及插入新同学后队伍中每位同学的身高，身高的单位均为厘米。

转入同学应该排在哪个位置呢？这个问题本质上就是在一个按值由大到小排列的数列中，插入一个数据，插入后的数列继续保持值的由大到小顺序。

"跑操"的身高数列中有多个数据，同时需要对身高数列进行插入等修改操作，因此，选用可变序列"列表"存储最合适。于是，原问题就可以转化为：在一个按元素值由大到小排列的列表中，插入一个元素，插入后列表中的元素继续保持值的由大到小顺序。

根据已知条件，"跑操"的身高列表中各元素的初始值如图 31.1 所示。

0	1	2	3	4
140	138	137	125	120

图 31.1

假设，转入同学的身高为 126，那么他应该插在哪个位置上？

如果从前往后搜索，找到第一个小于 126 的元素，该元素的位置就是 126 插入的位置。此时，第 3 号元素的值为 125，是从前往后搜索中第一个小于 126 的元素，如图 31.2 所示，因此将 126 插入索引为 3 的位置上。同时，也存在一种可能：从前往后搜索完所有元素都未找到比待插入数据小的元素，则待插入数据比所有的元素都要小。那么，待插入数据插入的位置在最后一个元素的后面，插入后它就成为最后一个元素。

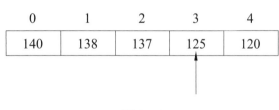

图 31.2

能不能直接把第 3 号元素赋值为 126 ？如果直接赋值，会把原来第 3 号元素的值 125 "覆盖" 了，并没有实现真正的 "插入"。正确的方法如图 31.3 所示。先增加一个空位置 5 号，再把第 4 号元素移到第 5 号元素的位置上，然后把第 3 号元素移到第 4 号元素的位置上，最后再把第 3 号元素赋值为插入的数 126。

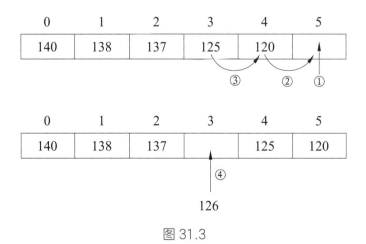

图 31.3

如果从后往前搜索，126 应该插到哪个位置上？找到第一个大于 126 的元素，该元素的后一个位置就是 126 插入的位置。

此时，第 2 号元素的值为 137，是从后往前搜索中第一个大于 126 的元素，如图 31.4 所示，因此 126 插入索引为 3 的位置上。同时，也存在一种可能：从后往前搜索完所有元素都未找到比待插入数据大的元素，则待插入数据比所有的元素都要大。那么，待插入数据插入的位置在第一个元素的前面，插入后它就成为第一个元素。

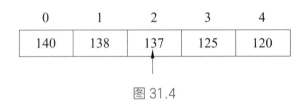

图 31.4

插入时，也得先增加一个空位置 5 号，再把第 4 号元素移到第 5 号位置上，然后把第 3 号元素移到第 4 号位置上，最后再把第 3 号元素赋值为插入的数 126。

因此，插入一个元素分为两步，第一步找到需要插入的位置，第二步向后移动数据，空出位置再插入。这个过程，能不能优化一下？数据需要往后移动才能空出位置，因此从后往前搜索时可以优化，优化为一边寻找位置、一边移动数据，两个步骤同时进行，这个编程思路如下描述。

定义 插入元素函数（待插入的列表，待插入的数据）
增加一个空位置
循环 循环变量 从后往前遍历"待插入的列表"每一个元素
如果 当前遍历的元素 小于"待插入的数据" **那么**
当前的元素向后移动一个位置
否则
"待插入的数据"插入当前元素的后一个位置
结束遍历

如果 比当前所有元素都要大，**那么**
"待插入的数据"插入 0 号位置

本课的程序如下。

```python
def inser(lst, x):
    n = len(lst) - 1 # 最后一个元素的索引为长度-1
    lst.append(0) # 尾部增加元素0，为移动增加一个空位
    for i in range(n, -1, -1):
        if lst[i] < x:
            lst[i+1] = lst[i] # 向后移动数据
        else:
            lst[i+1] = x # 插入
            break
    else: # 比所有元素都大
        lst[0] = x # 在头部插入
    return lst

lst1 = [140, 138, 137, 125, 120]
x = int(input('待插入同学的身高：'))
lst2 = inser(lst1, x)
print(*lst1) # *是解包
print(*lst2)
```

运行结果

待插入同学的身高：126

140 138 137 126 125 120

140 138 137 126 125 120

为什么执行 inser(lst1, x) 函数后，列表变量 lst1 也会被修改呢？这个还是要从变量的本质、可变对象变量联动性的角度来理解，才能想明白。为了方便理解，我们可以单击"运行"菜单中的"在 Python Tutor 上可视化当前脚本"选项，再单击"Next"等按钮，可视化当前的代码（脚本），如图 31.5 所示。

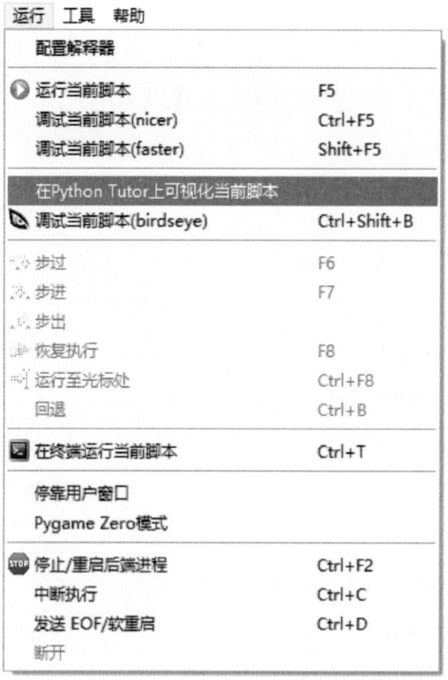

图 31.5

通过可视化当前代码，可以发现当调用 inser( ) 函数后，变量 lst1、lst 同时引用了同一个列表对象，它俩具有了联动性，所以在函数内通过变量 lst 修改列表的内容后，当变量 lst1 再次引用时自然是修改后的内容，如图 31.6 所示。

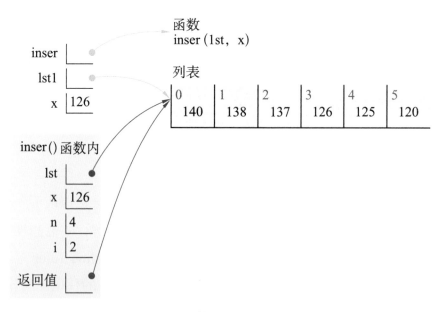

图 31.6

当 inser( ) 函数返回值时，列表 lst "指向" 的对象又赋值给了变量 lst2，这就相当于变量 lst2 和 lst1 引用了同一个对象，它俩也具有了联动性，如图 31.7 所示。所以执行 inser(lst1, x) 后，变量 lst1 的值也会发生变化。

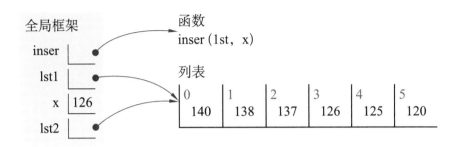

图 31.7

　　如果一个函数修改了除它的局部变量以外的值，则称为该函数有副作用。

　　例如，此时自定义的 inser( ) 函数就有副作用。如何才能消除 inser( ) 函数的副作用呢？当一个列表变量只有被 list( ) 函数、[ ]（如 [ ]、[1, 2, 3]、L[:]、L[2:] 等）赋值时，这个列表才被重新创建。因此，为了消除副作用，可以在自定义函数中用 list( ) 函数或切片重新创建一个新的列表。

```
1  def inser(lst, x):
2      lst = lst[:]  # 或 lst = list(lst)
3      n = len(lst) - 1  # 最后一个元素的索引为长度-1
4      lst.append(0)  # 尾部增加元素0，为移动增加一个空位
5      for i in range(n, -1, -1):
6          if lst[i] < x:
7              lst[i+1] = lst[i]  # 向后移动数据
8          else:
9              lst[i+1] = x  # 插入
10             break
11      else:  # 比所有元素都大
```

```
12            lst[0] = x   # 在头部插入
13        return lst
14
15  lst1 = [140, 138, 137, 125, 120]
16  x = int(input('待插入同学的身高: '))
17  lst2 = inser(lst1, x)
18  print(*lst1)   # *是解包
19  print(*lst2)
```

待插入同学的身高: 126

140 138 137 125 120

140 138 137 126 125 120

这种没有副作用的函数，称为纯函数。函数的副作用有时是需要的，但大部分情况下都要杜绝，因为纯函数会使程序的语义更清晰。

动动脑

1. 执行下列程序，运行结果是 (　　　)。

```
1  def fun(lst):
2      ans = []
3      for x in lst:
4          ans.append(x**2)
5      return ans
6
7  alst = [1, 2]
8  print(fun(alst))
```

A. 1, 4　　　　　B. [1, 4]　　　　C. 1 4　　　　　D. [1, 2]

2. 阅读程序，写注释和运行结果。

```
1  def inser(x):                    # _____
2      for i in range(len(lst1)):   # 从前往后
3          if lst1[i] <= x:         # _____
```

```
4              lst = lst1[:i] + [x] + lst1[i:]
5              break
6        else:
7            lst = lst1[:] + [x]
8        return lst
9
10  lst1 = [140, 138, 137, 125, 120]
11  x = int(input())
12  lst2 = inser(x)
13  print(*lst1)   # *是解包
14  print(*lst2)
```

输入 1：126　　　　　　　　　　输入 2：110

输出 1：_____　　　输出 2：_____

3. 根据题意，编写程序。

在列表中插入一个元素，Python 提供了 insert( ) 方法。

```
>>> lst1 = [140, 138, 137, 125, 120]
>>> lst1.insert(3, 126)  ←——————— 在第 3 号位置插入 126
>>> lst1
[140, 138, 137, 126, 125, 120]
```

请你用 insert( ) 方法，编写本课《跑出气质》的程序。

第32课 回 文 数
——函数与方法

"雾锁山头山锁雾，天连水尾水连天"是一副回文联，用回文形式写成的对联，既可以顺读，也可以倒读，意思不变。在数学中也存在具有这样特征的一类数，称为回文数。如 45754 是回文数，45547 不是回文数。

> 自定义一个判断回文数的函数，利用它输出100～200之间所有的回文整数。

要输出 100～200 之间所有的回文整数，可以对 [100,200] 之间的每个整数逐个进行判断，如果是回文数则输出。

具体问题，需要具体分析。由于只要输出 100～200 之间的回文整数，因此在判断时，只要判断百位上的数字是不是等于个位上的数字即可，如果它们相等，那么这个数就是回文数。按此思路，本课的程序如下。

```python
1  def huiwen(n):   # 定义函数（判断一个三位数是不是回文数）
2      n = str(n)
3      if n[0] == n[-1]:
4          return True
5      else:
6          return False
7
8  for i in range(100, 201):
9      if huiwen(i):   # 调用自定义函数huiwen()
10         print(i, end=' ')
```

101 111 121 131 141 151 161 171 181 191

当然，也可以采用构造一个回文数的方法。因为 100～200 之间的回文整数都是三位数，而且百位上的数字都与个位上的数字相等，所以只要枚举出 10～19 之间所有的两位数，然后把这些两位数的十位上数字"复制"到最右边，构造出一个新的三位数，这样的三位数就是回文数，如图 32.1 所示。

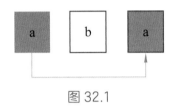

图 32.1

按此思路，本课的程序如下。

```
1  def huiwen(n):  # 定义函数（以一个两位数n，构造三位的回文数）
2      n = str(n)
3      n = n + n[0]
4      return int(n)
5
6  for i in range(10, 20):
7      print(huiwen(i), end=' ')  # 调用自定义函数
```

运行结果

101 111 121 131 141 151 161 171 181 191

以上两个程序中自定义的函数 huiwen( ) 是有局限性的，只适用于判断或构造三位数中的回文数。判断一个数位不确定的整数是不是回文数，该怎么办呢？可以利用有序序列的切片操作。当切片的"首、尾索引"省略，"步长"为 -1 时，可以实现"从右往左"逐个选取所有元素，即逆序。如果一个整数从左往右（顺序）读和从右往左（逆序）读是一样时，那么这个整数就是回文数。根据回文数的特点，本课的程序编写如下。

```
1  def huiwen(n):    # 定义函数（判断是否为回文）
2      n = str(n)
3      if n[::-1] == n:
4          return True
5      else:
6          return False
7
8  for i in range(100, 201):
9      if huiwen(i):    # 调用函数
10         print(i, end=' ')
```

运行结果

101 111 121 131 141 151 161 171 181 191

列表的 reverse( ) 方法可以对当前所有元素进行原地翻转。如果列表中各元素翻转前和翻转后的值是一样的，那么这个列表就是"回文"列表；否则就不是"回文"列表。

```
>>> n = [1, 2, 3]
>>> n.reverse()
>>> n
[3, 2, 1]
```

利用列表的 reverse( ) 方法，本课的程序如下。

```
1  def huiwen(n):
2      n = str(n)    # "转换"为字符串
3      n = list(n)    # "转换"为列表，分离出各个数位上的数
4      n_re = list(n)    # 准备翻转的列表
5      n_re.reverse()    # 进行翻转，逆序
6      if n_re == n:
7          return True
8      else:
9          return False
10
11 for i in range(100, 201):
```

```
12      if huiwen(i):
13          print(i, end=' ')
```

在 Python 中，"方法"与"函数"是两个不同的概念，二者的用法非常像，但本质是不同的。

　　方法可以看成绑定到特定对象上的函数，必须要通过一个具体的对象来调用，使用的形式是"对象名 . 方法名 (参数)"。而函数可以直接调用，调用时通过参数来指定操作的对象，使用的形式是"函数名 (参数)"。

　　对于可变对象列表来说，方法都会对使用该方法的列表对象起作用，会直接改变该对象的值，有副作用，无返回值；而内置函数一般情况下都是纯函数，不会改变原对象的值，没有副作用，会产生一个新的对象作为返回值。

　　例如，内置排序函数 sorted( ) 是一个纯函数，它返回输入列表排序后的列表，输入的原列表不变。而列表的排序方法 sort( ) 不会产生新的列表，而是直接对当前列表中的元素进行排序，没有返回值。

```
>>> a = [1, 5, 3, 0]
>>> sorted(a)  ←————————————sorted( ) 函数，返回排序后的新列表
[0, 1, 3, 5]
>>> a  ←———————————————————原列表不变
[1, 5, 3, 0]
>>> b = [1, 5, 3, 0]
>>> b2 = b.sort()  ←————————sort( ) 方法，作用于当前列表
>>> b  ←————————————————————原列表发生改变
[0, 1, 3, 5]
>>> b2  ←———————————————————无返回值
>>> type(b2)
<class 'NoneType'>
```

列表对象常用的方法有 10 个，如表 32.1 所示。

表 32.1

类别	方法	作用
增加	append(x)	将 x 追加到当前列表的尾部
	extend(L)	将列表 L 中所有元素追加至当前列表尾部
删除	pop([index])	在当前列表中删除并返回列表中下标为 index 的元素，index 默认值为 -1，即删除并返回最后一个元素
	remove(x)	在当前列表中删除第一个值为 x 的元素，该元素之后的所有元素前移，在列表中的索引减 1，若列表中没有值为 x 的元素则抛出异常
	clear( )	删除当前列中所有元素
修改	insert(index,x)	在当前列表 index 位置处插入 x，该位置后的所有元素后移并且在列表中的索引加 1
	reverse( )	对当前列表所有元素进行原地翻转（逆序）
	sort( )	对当前列表中的元素进行排序
查询	count(x)	返回 x 在当前列表中出现的次数
	index(x)	返回当前列表中第一个值为 x 的元素的索引，若不存在值为 x 的元素则抛出异常

对于不可变对象字符串来说，方法不会改变原对象的值，会产生一个新的对象作为返回值。

```
>>> txt = 'hello python'
>>> ans = txt.upper() ←——— 所有小写字母变成大写字母
>>> ans
'HELLO PYTHON'
>>> txt ←——————————————— 原字符串不变
'hello python'
```

 动动脑

1. 下列说法错误的是（　　　）。

　　A. 有返回值的函数一般都可以考虑设计成纯函数

　　B. 函数的副作用是指一个函数修改了除它的局部变量以外的值

C. 没有副作用的函数称为纯函数

D. 对象的方法都会改变原对象的值

2. 阅读程序，写注释和运行结果。

```
1  def fun(alst):              # _____
2      blst = alst[:]
3      clst = []
4      while len(blst) > 0:    # _____
5          x = min(blst)       # _____
6          clst.append(x)      # _____
7          blst.remove(x)      # _____
8      return clst
9
10 a = input().split()
11 a = map(int, a)
12 a = list(a)
13 print(*fun(a))
```

输入：1 5 2 4 0

输出：_____

3. 根据题意，编写程序。

六一儿童节到了，狐狸老师有 n 件礼物要送给尼克和格莱尔。尼克、格莱尔每人至少要有一件礼物；每人得到的礼物数量可以相同，也可以不相同；礼物可以全部送完，也可以部分送完。问狐狸老师一共有几种送法。编程中需要运用自定义函数。

第 33 课　神奇的兔子数列

——递推与递归

兔子数列指的是这样一个数列：1，1，2，3，5，8，13，21，…，这个数列从第 3 个数开始，每个数都等于前面两个数的和。这个数列与大自然中植物的关系极为密切，几乎所有花朵的花瓣数都来自这个数列中的一项数字，同时在植物的叶、枝、茎等排列中也存在兔子数列。

> 自定义一个函数，调用后能返回兔子数列第 n 项的值（n ≥ 3）。

第一种方法：用 3 个简单变量一步一步推算，具体思路描述如下，如图 33.1 所示。

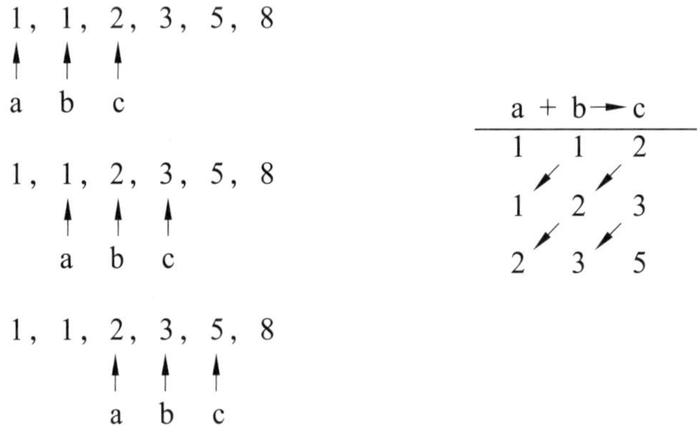

$$
\begin{array}{cccccc}
1, & 1, & 2, & 3, & 5, & 8 \\
\uparrow & \uparrow & \uparrow & & & \\
a & b & c & & &
\end{array}
$$

$$
\begin{array}{cccccc}
1, & 1, & 2, & 3, & 5, & 8 \\
& \uparrow & \uparrow & \uparrow & & \\
& a & b & c & &
\end{array}
$$

$$
\begin{array}{cccccc}
1, & 1, & 2, & 3, & 5, & 8 \\
& & \uparrow & \uparrow & \uparrow & \\
& & a & b & c &
\end{array}
$$

$$
\begin{array}{ccc}
\multicolumn{3}{c}{a + b \rightarrow c} \\
\hline
1 & 1 & 2 \\
1 & 2 & 3 \\
2 & 3 & 5 \\
\end{array}
$$

图 33.1

第 1 项 a ← 1（初始值）

第 2 项 b ← 1（初始值）

第 3 项 c ← a＋b（第 1 项＋第 2 项，生成第 3 项）

a ← b（a 指向第 2 项）

b ← c（b 指向第 3 项）

c ← a＋b（第 2 项＋第 3 项，生成第 4 项）

a ← b（a 指向第 3 项）

b ← c（b 指向第 4 项）

c ← a＋b（第 3 项＋第 4 项，生成第 5 项）

…

根据这个思路，编写的程序如下。

```
1   def fib(n): # 定义函数（返回兔子数列第n项的值）
2       a, b = 1, 1 # 赋初值
3       i = 2
4       while  i < n:
5           c = a + b # 生成新的一项
6           i = i + 1
7           a = b
8           b = c
9       return c
10
11  x = int(input())
12  print(fib(x)) # 调用函数
```

运行结果

10↵

55

第二种方法，用一个列表存储兔子数列前 n 项的值。因为列表的索引是从 0 开始的，所以兔子数列也增加值为 0 的第 0 项，这样索引与项数就可以一一对应。同时，把第 1 项、第 2 项赋初始值 1，然后利用公式（当前项等于前两项的和）从第 3 项开始一项一项进行推递，最终求出第 n 项的值。程序如下。

```
1  def fib(n):  # 定义函数（返回兔子数列第n项的值）
2      a = [0, 1, 1]  # 第0项，第1项，第2项
3      for i in range(3, n+1):
4          a.append(a[-2]+a[-1])  # 当前项等于前两项的和
5      return a[-1]  # 或return a[n]
6
7  x = int(input())
8  print(fib(x))  # 调用函数
```

运行结果

10↵

55

第三种方法，先定义一个空函数 fib(n)，它最终的作用是返回兔子数列第 n 项的值，至于函数体中的语句下一步再完善。

```
1  def fib(n):  # 定义函数（返回兔子数列第n项的值）
2      pass
3
4  x = int(input())
5  print(fib(x))  # 调用函数
```

运行结果

10↵

None

第一步要完善的是 n 的值为 0,1,2 时的返回值。

如果　 n 的值等于 0 　那么
　　返回 0
如果　 n 的值等于 1 或等于 2 　那么
　　返回 1

完善后的程序如下：

```
1  def fib(n):  # 定义函数（返回兔子数列第n项的值）
2      if n == 0:
3          return 0
4      if n == 1 or n == 2:
5          return 1
6      pass
7
8  x = int(input())
9  print(fib(x))  # 调用函数
```

运行结果 1

1↵

1

运行结果 2

10↵

None

第二步需要完善的是 n 的值大于或等于 3 时函数的返回值。函数 fib(n) 的作用是返回兔子数列第 n 项的值，因此可以作出如下推断：

fib(3) 返回兔子数列第 3 项的值

fib(4) 返回兔子数列第 4 项的值

fib(n+1) 返回兔子数列第 n+1 项的值

fib(n-1) 返回兔子数列第 n-1 项的值

fib(n-2) 返回兔子数列第 n-2 项的值

……

同时根据兔子数列的特点，写出如下公式：

$fib(3) = fib(2) + fib(1)$

$fib(4) = fib(3) + fib(2)$

…

$fib(n) = fib(n-1) + fib(n-2)$（$n \geqslant 3$）

根据这个思路，写出如下程序：

```
1  def fib(n):  # 定义函数（返回兔子数列第n项的值）
2      if n == 0:  # 递归终止的条件
```

```
 3            return 0
 4        if n == 1 or n == 2:  # 递归终止的条件
 5            return 1
 6        return fib(n-1) + fib(n-2)  # 递归公式
 7    x = int(input())
 8    print(fib(x))
```

运行结果

<u>10</u>↵

55

如果在一个函数内部直接或间接地调用自己本身，那么这个函数就是递归函数。

小·知·识

一个递归函数包含两部分，一部分是递归终止的条件，另一部分是递归公式。

递归终止的条件又称为边界条件，是指在什么情况下函数不再递归了，此时会返回一个确定的值。例如，本例中 n 等于 0 或等于 1 或等于 2 时就是递归终止的条件。递归公式是指问题与子问题间的关系式。例如，本例中 fib(n)=fib(n-1)+fib(n-2) 就是递归公式。

动动脑

1. 下列关于递归算法说法错误的是（　　　）。

A. 递归是一种"自己调用自己"的算法

B. 必须有一个明确的递归结束条件

C. 每次调用在规模上都有所缩小

D. 运用递归算法的程序运行效率很高

2. 阅读程序，写注释和运行结果。

```
1  def f(n):                    #
2      if n == 1:               #
3          return 1
4      return f(n-1) * n        #
5
6  x = int(input())
7  print(f(x))
```

输入 1：1　　　　　　输入 2：2　　　　　　输入 3：10

输出 1：＿＿＿＿＿　　输出 2：＿＿＿＿＿　　输出 3：＿＿＿＿＿

3. 根据题意，编写程序。

用递归算法求 1+2+3+4+⋯+n 的和。

（1）寻找递归终止的条件（边界条件）

　　如果　　n 等于 0　　那么

　　　　返回值为 0

（2）寻找递归公式

　　如果自定义函数 Sum(n) 返回的是 1+2+3+4+⋯+n 的和，那么：

　　Sum(0) = 0

　　Sum(1) = Sum(0) + 1

　　Sum(2) = Sum(1) + 2

　　Sum(3) = Sum(2) + 3

　　…

　　Sum(n-1) = Sum(n-1-1) + (n - 1)

　　Sum(n) = Sum(n-1) + n

　　Sum(n+1) = Sum(n+1-1) + (n + 1)

　　…

单 元 检 测

一、单项选择题

1. 关于 python 函数的说法，错误的是（　　）。

　　A. 函数一定要有参数，但不一定要有返回值

　　B. 函数名的命名规则与变量名的命名规则相同

　　C. 使用函数的主要目的是降低编程难度和代码复用

　　D. 函数是一种功能抽象的模块

2. 某自定义函数的形参中有 3 个变量，其中后面 2 个变量指定了默认值，调用该函数时，实参的个数最少为（　　）。

　　A. 0　　　　　　B. 2　　　　　　C. 3　　　　　　D. 1

二、阅读程序，写运行结果

```python
1  def fun(m, n):
2      ans = m * 10 + n
3      return ans
4
5  print(fun(2, 3))
```

输出：＿＿＿＿＿＿＿＿＿＿＿＿

```python
1  def fac(n):
2      f = 1
3      for i in range(1, n+1):
4          f = f + i * 2
5      return f
6
```

```
7  x = int(input())
8  print(fac(x))
```

输入 1：2   输入 2：10

输出 1：＿＿＿＿＿＿＿＿＿＿   输出 2：＿＿＿＿＿＿＿＿＿＿

```
1  def dtox(x, b=2):
2      ans = ''
3      while x > 0:
4          ans = str(x%b) + ans
5          x = x // b
6      return ans
7
8  n = int(input())
9  print(dtox(n))
```

输入 1：1   输入 2：13

输出 1：＿＿＿＿＿＿＿＿＿＿   输出 2：＿＿＿＿＿＿＿＿＿＿

三、根据题意，编写程序

1. 三个相同的数相乘称为这个数的立方。输入一个数，输出该数的立方，要求用自定义函数实现。

2. 奇偶校验码是一种检错码，常用在数据传输过程中。它是一种通过增加校验位使得二进制数的所有数位中"1"的总个数恒为奇数或偶数的编码方法。奇校验是"1"的总个数恒为奇数；偶校验是"1"的总个数恒为偶数。

定义一个奇校验函数，利用它判断输入的二制数是否符合奇校验码的编码规则。如果符合，那么输出"正确"；否则，输出"错误"。

3. 用 n 米的篱笆围成一个一面靠墙的长方形养鸡场，围成的养鸡场面积尽量大，问这个最大的面积是多少平方米？养鸡场的长、宽及篱笆的总长度均为整数。定义一个函数实现这个功能，参数为篱笆的总长度，返回值为最大的面积。例如，输入 12，输出 18。

4. 尼克有 6 个苹果，平均分给 8 位同学，每位同学能分到 $\frac{6}{8}$ 个苹果，于是他准备将每个苹果平均切成 8 份，每人分到其中的 6 份。后来他又想到了更简便的切法，只要将每个苹果平均切成 4 份，每人分到其中的 3 份，即每位同学分到 $\frac{3}{4}$ 个苹果也能实现平均分。

输入一个分数，表示每人能分到的苹果个数，输出用最简便的切法切后每人得到的苹果个数。例如，输入 6/8，输出 3/4；输入 8/8，输出 1；输入 8/6，输出 4/3。

5. 格莱尔和同学们在玩跳格子游戏，他们在地上从左往右画了 20 个格子，并给每个格子编上编号（1～20），如图所示。

1	2	3	4	5	6	7	8	9	10	11	12	13	14	15	16	17	18	19	20

第 5 题图

游戏的规则：每次都从 1 号格子开始起跳；每次只能从左往右跳；每次可以跳到右边的格子，也可以跳过一个格子进入下一个格子（如从 1 号可以跳到 2 号，也可以跳到 3 号）；6 号和 19 号格子被标记为"地雷"区，不能跳入。

请问从 1 号跳到 n 号格子共有几种跳法。例如，输入 7，输出 5。

四、我出题，我们一起做

问题描述：_____

_____

_____

输入：_____

输出：_____

第 **5** 单元

库

Python 是一种扩展性很强的语言，其扩展性主要体现为"函数—模块—包—库"的四级功能扩展体系。

虽然模块、包、库并不是同一种"东西"，但大多数情况下在使用时，并不进行详细区分，统称为"库"。

第34课　会画图的小海龟

——turtle 模块

turtle 是 Python 的图形绘制模块。turtle 的中文意思是海龟，为什么 Python 的图形绘制模块会取名为 turtle 呢？这个源于全球第一款针对儿童教学使用的编程语言 LOGO。LOGO 语言最主要的功能是绘图，进入 LOGO 界面，光标会被一只闪烁的小海龟取代。通过输入相应的指令，控制小海龟的移动，画出特定的图形。LOGO 语言将这种绘图体系称为 turtle 绘图，即海龟绘画图。Python 接受了这个概念，并形成了一个 turtle 标准模块。因此，可以这样理解，turtle 模块中有一只神奇的、会画图的小海龟，它能根据指令在画布上游走。我们可以控制小海龟运动的方向、留下轨迹的颜色及粗细，从而画出最美的图形。

控制海龟运动常用的函数，如表 34.1 所示。

表　34.1

函数	举例描述
fd(步数)/forward(步数)	fd(100)，当前方向上行进 100 像素
bk(步数)/ backward(步数)	bk(50)，当前方向上后退 50 像素
lt(度数)/left(度数)	lt(90)，左转 90 度
rt(度数)/right(度数)	rt(60)，右转 60 度
done( )	停止画笔绘制（绘图窗体不关闭）

刚开始绘图时，小海龟的默认形状是一个箭头，初始位置位于画布正中央，面向右边。

控制小海龟，画一个边长 100 像素的正方形。

正方形的特征是四条边都相等，四个角都是直角（90°）。要画一个正方形，就是让小海龟每次前进相同的步长，然后向同一个方向转动 90°，连续做 4 组这样的动作，如图 34.1 所示。需要注意，小海龟每次转动的 90° 是正方形某个角的外角度数，不是内角的度数。

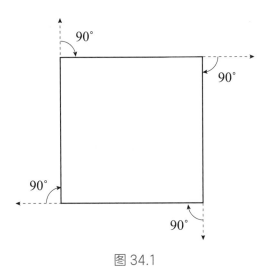

图 34.1

重复 4 次：

　　前进 100 像素

　　右转 90 度

程序如下。

```
1  import turtle as t  # 导入turtle模块，取别名为t
2
3  for i in range(4):                    ——— t 是 turtle 模块的别名
4      t.fd(100)
5      t.rt(90)                          ——— fd() 是 turtle 模块中的函数
6  t.done()
```

fd(x),可以让小海龟朝当前方向行进 x 像素。如果 x 的值大于零,小海龟朝当前的方向前进 x 像素;如果 x 的值小于零,小海龟则后退（朝当前方向的相反方向前进,但小海龟的朝向不变）x 像素;如果 x 的值为零,小海龟不动。

解决本课的问题,也可以使用 fd(-100),程序如下,运行后正方形出现在屏幕上的位置与前一个程序不同。

```
1  import turtle as t
2
3  for i in range(4):
4      t.fd(-100)   # 相当于t.bk(100)
5      t.rt(90)
6  t.done()
```

rt(x),可以让小海龟向右转 x 度,转动后小海龟的朝向会发生变化。如果 x 的值大于零,小海龟会向右（顺时针方向）转 x 度;如果 x 的值小于零,小海龟则向左转（逆时针方向）x 度;如果 x 的值为零,小海龟不转动。

使用 rt(-90) 后,本课的程序如下,运行后正方形出现在屏幕上的位置与前两个程序不同。

```
1  import turtle as t
2
3  for i in range(4):
4      t.fd(100)
5      t.rt(-90)   # 相当于t.lt(90)
6  t.done()
```

让小海龟前进使用 fd() 函数,后退使用 bk() 函数,右转使用 rt() 函数,左转使用 lt() 函数。

英汉小词典

turtle ['tɜːtl]   海龟

done [dʌn]   完毕;结束

动动脑

1. turtle 模块中小海龟默认的前进方向是（　　　）。

　　A. 屏幕窗口的下边　　　　　　　　B. 屏幕窗口的上边

　　C. 屏幕窗口的左边　　　　　　　　D. 屏幕窗口的右边

2. 阅读程序，写注释和运行结果。

```
1  import turtle as t       # _____
2
3  for i in range(4):
4      t.fd(-100)           # _____
5      t.lt(90)             # _____
6  t.done()
```

输出（画草图）：_____

3. 根据题意，编写程序。

定义一个画正多边形的函数，参数为边数和边长，然后调用该函数画出一个边长为 100 像素的正五边形。

第35课 糖 葫 芦
——画笔控制函数

糖葫芦甜又甜，红山楂圆又圆。糖葫芦是我国的传统小吃，它是将山楂等野果用竹签串成串后蘸上糖稀，等糖稀变硬后，吃起来又酸又甜。

利用 turtle 模块，改变画笔的粗细，可以画出一串糖葫芦。用细线条画竹签，用粗线条画糖葫芦，如图 35.1 所示。

图 35.1

```python
1  import turtle as t
2
3  t.lt(90)
4  # 橙色'orange'，粉红色'pink'，红色'red'，黄色'yellow'
5  t.pencolor('pink')
6  for i in range(4):
7      t.pensize(10)  # 设置画笔粗细
8      t.fd(60)
9      t.pensize(50)  # 设置画笔粗细
10     t.fd(5)
11
12 t.up()  # 抬笔
13 t.home()  # 小海龟回到原始状态
14 t.done()
```

也可以用画线与画点相结合的方法画出糖葫芦，用细线条代表竹签，用粗点代表糖葫芦。

```python
1  import turtle as t
2
```

212

```
 3  t.lt(90)
 4  t.pencolor('pink')
 5  for i in range(4):
 6      t.pensize(10)  # 设置画笔粗细
 7      t.fd(60)  # 画线
 8      t.dot(50)  # 画点，直径为50像素
 9
10  t.up()  # 抬笔
11  t.home()  # 小海龟回到原始状态
12  t.done()
```

为了增加美观度，可以将每个糖葫芦画成不同的颜色。

```
 1  import turtle as t
 2
 3  t.lt(90)
 4  a = ['yellow', 'orange', 'pink', 'red' ]
 5  for i in range(4):
 6      t.pensize(10)
 7      t.fd(60)  # 画线
 8      t.dot(50, a[i])  # 画点，设置点的大小、颜色
 9
10  t.up()  # 抬笔
11  t.home()  # 小海龟回到原始状态
12  t.done()
```

常用的画笔控制有绘制状态、颜色控制、填充、移动等函数，如表35.1所示。

表　35.1

类别	函数	举例描述
绘制状态	pensize(宽度)/width(宽度)	pensize(10)，将画笔的宽度设为 10 像素
	up( )/penup( )/pu( )	抬笔，抬笔后移动画笔就不绘制形状
	pd( )/pendown( )/down( )	落笔，落笔后移动画笔将绘制形状
颜色控制	pencolor(颜色)	返回或设置画笔颜色。pencolor('red')，将画笔设为红色

类别	函数	举例描述
颜色控制	fillcolor(颜色)	返回或设置填充颜色
	bgcolor(颜色)	返回或设置当前的背景颜色
填充	begin_fill( )	准备开始填充图形
	end_fill( )	填充完成
绘制	circle(半径 , 度数 , 边数)	circle(80)，画以小海龟左侧半径处为圆心、半径为 80 像素的圆
	dot(画笔粗细 , 颜色)	dot(50)，画直径为 50 像素的点（实心圆） dot(50, 'red')，画直径为 50 像素、颜色为红色的点（实心圆）
	speed(速度)	设置小海龟的速度，0、10 表示最快，1～10 为由慢到快，1 表示最慢，3 表示慢，6 表示正常速度
移动	home( )	小海龟回到原始状态（位置、朝向）

动动脑

1. turtle.circle(200, 180) 绘制的图形是（　　　）。

A. 半径为 180 像素的圆形　　　　　B. 半径为 200 像素的半圆

C. 半径为 200 像素的圆形　　　　　D. 半径为 180 像素的扇形

2. 阅读程序，写注释和运行结果。

```
1  import turtle as t
2
3  for i in ['orange', 'pink', 'red', 'yellow']:
4      t.fillcolor(i)            # _____
5      t.begin_fill()            # _____
6      t.circle(100, 360, 4)     # _____
7      t.end_fill()              # _____
8      t.rt(90)
9  t.ht()                        # _____
10 t.done()
```

输出（画草图）：_____

3. 根据题意，编写程序。

RGB 颜色是计算机系统最常用的颜色体系之一，它采用R（红色）、G（绿色）、B（蓝色）3 种基本颜色，其他颜色由基本颜色叠加而成。RGB 颜色采用（r,g,b）表示，其中每种颜色取值范围是 [0,255]。因此，RGB 颜色一共可以表示 256^3（1678 万）种颜色。

```
1  import turtle as t
2
3  t.colormode(255)  # 使用RGB颜色模式
4  t.pensize(20)
5  t.pencolor((255, 0, 0))  # 红: 255, 绿: 0, 蓝: 0
6  t.fd(100)
7  t.pencolor((0, 255, 0))  # 红: 0, 绿: 255, 蓝: 0
8  t.fd(100)
9  t.pencolor((0, 0, 255))  # 红: 0, 绿: 0, 蓝: 255
10 t.fd(100)
11 t.done()
```

参数 (r, g, b) 是元组，两边有一对括号

运行结果如图 35.2 所示。

图 35.2

请你用 RGB 颜色模式，画一串多彩的糖葫芦，糖葫芦的颜色可以自由选择。

第36课 海龟赛跑
——绘图坐标系统

为了更快捷、方便地控制小海龟运动，我们需要对平面直角坐标系有所了解。平面直角坐标系由两个互相垂直的一维数轴组成。左右方向是横轴，又称为 X 轴，对应 x 坐标；上下方向是纵轴，又称为 Y 轴，对应 y 坐标。任意一点的位置可以用对应的横纵轴坐标（x,y）来表示。

假设小海龟可以移动的窗口是一个 640 像素 ×480 像素的矩形，如图 36.1 所示。

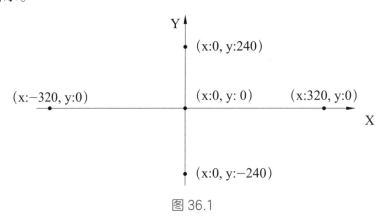

图 36.1

这意味着 x 坐标的范围为 –320～320，其中 –320 和 320 分别是小海龟可以处于的最左边和最右边的位置；y 坐标的范围为 –240～240，其中 –240 和 240 分别是小海龟可以处于的最低和最高的位置。

窗口中心的坐标（0，0）是小海龟的初始位置。同学们的心中要有一个初步的概念：水平是 x 轴，垂直是 y 轴；小海龟往右移动，x 坐标增加，往左移动，x 坐标减小；往上移动，y 轴坐标增加，往下移动，y 轴坐标减小。

这是两只小海龟赛跑比赛的程序，请你用心体会。

turtle 模块的函数可以以面向过程的方式调用，也可以以面向对象的方式调用。为了生成 2 只海龟，以面向对象方式调用 turtle 模块的 Turtle( ) 函数，分别创建两个海龟对象，并赋于它们不同的颜色、位置及随机的速度参与比赛。

```
1   import turtle as t
2   from random import randint  # 导入random.randint()函数
3
4   sc = t.Screen()   # 建立绘图窗口
5   sc.setup(640, 480)  # 设置窗体的大小
6
7   t1 = t.Turtle()  # 创建一个海龟对象
8   t1.color('red')  # 颜色
9   t1.shape('turtle')  # 造型
10  t1.pu()            # 抬笔
11  t1.goto(-260, 50) # 初始位置
12  t1.pd()  # 落笔
13
14  t2 = t.Turtle(shape='turtle') # 创建另一个海龟对象并设置造型
15  t2.color('blue')  # 颜色
16  t2.pu()  # 抬笔
17  t2.goto(-260, -50)  # 初始位置
18  t2.pd()  # 落笔
19
20  while True:  # 比赛
21      t1.fd(randint(1, 10))  # t1，随机速度
22      t2.fd(randint(1, 10))  # t2，随机速度
23      if t1.xcor() >= 260 and t1.xcor() > t2.xcor():
24          # 获取t1的x坐标判断是否到达终点，而且t1要比t2快
25          t1.write('t1 赢')  # 输出t1赢
```

```
26            break
27        if t2.xcor() >= 260 and t2.xcor() > t1.xcor():
28            # 获取t2的x坐标判断是否到达终点，而且t2要比t1快
29            t2.write('t2 赢')   # 输出t2赢
30            break
31
32  sc.exitonclick()   # 等待，单击关闭窗口
```

动动脑

1. 使用 turtle.setup( ) 命令后小海龟坐标的起始点位于 (　　　　)。

   A. 窗体的左上角 　　　　　　　B. 窗体的右上角

   C. 窗体的正中间 　　　　　　　D. 窗体最上方正中间

2. 阅读程序，写注释和运行结果。

```
1   import turtle as t                    # _____
2
3   sc = t.Screen()                       # _____
4   sc.setup(400, 300)                    # _____
5
6   t1 = t.Turtle(shape='square')         # _____
7   t1.color("red")                       # _____
8   t1.circle(50)                         # _____
9
10  t2 = t.Turtle(shape='circle')         # _____
11  t2.color("green")                     # _____
12  t2.circle(40)                         # _____
13
14  sc.exitonclick()                      # _____
```

   输出（草图）：_____

3. 根据题意，编写程序。

编程实现随机画点，具体要求如下：

（1）窗体大小设为 800 像素 × 600 像素。

（2）随机画 50 个点，点全部落在窗体内或窗体的边上。

（3）点的大小随机，建议直径 1～50 像素之间。

（4）建议设置点的颜色。

（5）画好后，单击鼠标关闭窗口。

第 37 课　以生态视角看世界

——模块编程

Python 语言致力于开源开放，拥有丰富的库资源，这些库涵盖了信息领域所有的技术方向，可以说 Python 语言建立了全球最大的编程计算生态，因此它是一种生态语言。

> 在计算生态思想的指导下，编写程序的起点不再是探究每个具体算法的逻辑功能和设计，而是尽可能利用第三方库进行代码复用，像搭积木一样编写程序。这种编程方式称为模块编程。

在 Python 中，一个模块就是一个扩展名为 .py 的源程序文件，里面包含了一些类、函数和变量。包比模块"大"，通常包由多个 .py 的源程序文件或子目录组成，按一定层次的目录结构组织，还含有特殊的文件。库可以看作模块的集合或包的集合。库，听起来比包、模块都要"大"，但是通常人们不对这些命名进行区分，把模块、包、库这些可重用的代码统称为"库"。

模块编程时，用户自己编写的程序、标准库、第三方库都可作为组件，用 import 语句导入后使用。

标准库可以直接使用，第三方库要安装后才能使用。如何在 Thonny 中安装 Python 的第三方库？

方法一：单击"工具"菜单中的"管理包"选项。在对话框中输入要安装的库的名称。例如，输入"pyttsx4"，单击右侧的"在 PyPI 上搜索"按钮，稍等片刻显示出查询结果后，再单击超链接"pyttsx4"后选择"安装"，如图 37.1 所示。

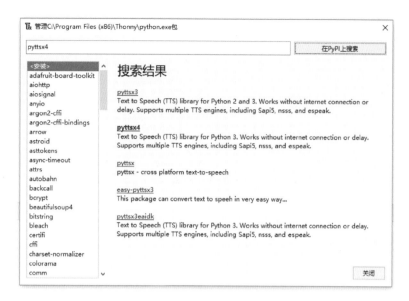

图 37.1

　　pyttsx4 库是文本到语音转换的 Python 第三方库，它支持中文、英文的文本转语音功能。pyttsx4 库安装好后，输入下列代码，体验一下文本转语音的效果。

```
1  import pyttsx4 as p
2
3  e = p.init()  # 初始化,创建一个语音对象
4  e.say('1')  # 添加播报文本
5  e.say('我爱编程')  # 添加播报文本
6  e.runAndWait()  # 等待语音播报完毕
```

　　方法二：单击"工具"菜单中的"打开系统 shell"选项。在打开的命令窗口中输入"pip install 库名"并按下 Enter 键，进行安装，如图 37.2 所示。

图 37.2

qrcode 库是 Python 中生成二维码的第三方库，输入下列两行命令安装这个库。

```
pip   install   qrcode
pip   install   "qrcode[pil]"
```

等 qrcode 库安装完成后，再输入下列代码，运行后就能看到你生成的二维码了。

```
1  import qrcode
2
3  img = qrcode.make('我爱编程')  # 生成二维码，文本内容可以修改
4  img.save("tmp.png")  # 保存到文件中
5  img.show()  # 显示生成的二维码
```

sprites 库（精灵库）是一个基于 turtle 库开发的第三方库，利用它可以用很简洁的代码制作动画与游戏。请你从"工具"菜单的"管理包"或"打开系统 shell"选项中安装这个库。

安装好精灵库后，输入以下代码，感受一下来回爬行的瓢虫动画吧。

```
1  import sprites as sp
2
3  bug = sp.Sprite(0)  # 0代表瓢虫，1代表弹球，2代表小猫……
4  bug.rt(10)
5  while True:
6      bug.fd(0.05)  # 前进0.05步
7      bug.bounce_on_edge()  # 碰到边缘就反弹
```

mzflaskfive 库是一个五棋子对弈的第三方库，它可以实现玩家对战、人机对战等模式的切换。请你安装好该库，输入以下代码并单击运行，在运行结果中找到超级链接 http://127.0.0.1:5000，打开相应的网页，和小伙伴或计算机下一盘五子棋吧。

```
1  import mzflaskfive
2
3  mzflaskfive.app.run('0.0.0.0', 5000)
```

动动脑

1. Python 中能够用来安装第三方库的命令是（　　　）。

A. pip　　　　　　　B. help　　　　　　C.import　　　　　D.search

2. 阅读程序写注释，并上机运行。

```
1   import pyttsx4                        # _____
2
3   engine = pyttsx4.init()              # _____
4   engine.say('腹有诗书气自华')          # _____
5   engine.runAndWait()                  # _____
```

这个程序的作用：_____

3. 编程体验题。

vpython 库是一个构建 3D 动画的第三方库，请你想办法安装好这个库，并将输入下列代码，感受一下 3D 小球旋转的动画。

```
1   from vpython import *   # 一次性导入库中所有对象
2
3   ball = sphere()   # 创建球
4   while True:
5       rate(80)   # 速度
6       ball.rotate(pi/50, vector(0,5,0), vector(0,5,5))   # 旋转
```

单元检测

一、单项选择题

1.turtle 绘图中可以让小海龟回到原点的语句是（   ）。

    A. turtle.dot( )   B. turtle.setup( )

    C. turtle.home( )   D. turtle.done( )

2. 下列选项中，不是控制 turtle 移动的语句是（   ）。

    A. turtle.pos( )   B. turtle.fd( )

    C. turtle.bk( )   D. turtle.goto( )

二、阅读程序，写运行结果

```
1  import turtle as t
2
3  t.fd(100)
4  t.fd(-100)
5  t.lt(120)
6  t.fd(100)
7  t.done()
```

输出（草图）：_____

```
1  import turtle as t
2
3  t.color('red')
4  t.pendown()
5  t.circle(150)
```

```
6   t.penup()
7   t.done()
```

输出（草图）：_____

```
1   import turtle as t
2
3   sc = t.Screen()
4   sc.setup(800, 600)
5   t1 = t.Turtle(shape="circle")
6   x = 10
7   c = ['red', 'orange', 'blue', 'green']
8   sh = ['classic', 'arrow', 'circle', 'square']
9   t1.pensize(5)
10  for i in range(40):
11      t1.color(c[i%4])
12      t1.shape(sh[i%4])
13      t1.fd(x)
14      t1.rt(91)
15      x = x + 10
16  sc.exitonclick()
```

输出（草图）：_____

三、根据题意，编写程序

1. 画 2 个同心圆。可以用画点实现，外圆的直径为 300 像素，颜色为黄色；内圆的直径为 100 像素，颜色为白色。

第 1 题图

2. 可怜九月初三夜，露似真珠月似弓。请你画一个"似弓"的月亮。画月亮时，可以通过画两个点实现：先画一个直径为 300 像素、黄色的点，然后向右移动 100 像素，再画一个直径为 280 像素、白色的点。

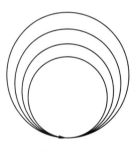

第 2 题图

3. 绘制 4 个圆圈，最小圆圈半径为 50 像素，相邻圆圈之间的半径差是 10 像素，效果如图所示。

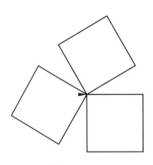

第 3 题图

4. 自定义一个画正方形的函数，调用 3 次画出如图所示的图形。

第 4 题图

5. 在 Python 中有一个自带的标准库 itertools，它是一个功能强大的迭代库，内含无限迭代器、有限迭代器、组合迭代器。其中 itertools.count( ) 是一个无限迭代器，可以指定迭代开始的值和迭代的步长，默认开始值为 0，默认步长为 1。请你输入以下代码，体验一下遍历循环 for 实现的无限输出。

```
1  '''
2      同学们，在学习的世界里没有虚度的光阴，这些看似不起波澜的日复一
3  日，终会让你看到坚持的意义。"星光不问赶路人，时光不负有心人"，愿你
4  以 Python 为羽，以算法为翼，乘着时代的风，扶摇直上九万里，看见更大
5  的世界，做最好的自己！
6  '''
7
8  import itertools as it  # 导入itertools库取别名为it
9
10 for i in it.count():  # 永远循环
11     print(i)  # 具有无限的输出，Thonny中可以按Ctrl+F2停止
12     print('看见更大的世界，做最好的自己！')
```

四、我出题，我们一起做

问题描述：＿＿＿＿＿＿＿＿＿＿＿＿＿＿＿＿＿＿＿＿＿＿＿＿＿＿

＿＿＿＿＿＿＿＿＿＿＿＿＿＿＿＿＿＿＿＿＿＿＿＿＿＿＿＿＿＿＿＿

＿＿＿＿＿＿＿＿＿＿＿＿＿＿＿＿＿＿＿＿＿＿＿＿＿＿＿＿＿＿＿＿

＿＿＿＿＿＿＿＿＿＿＿＿＿＿＿＿＿＿＿＿＿＿＿＿＿＿＿＿＿＿＿＿

输入：＿＿＿＿＿＿＿＿＿＿＿＿

输出：＿＿＿＿＿＿＿＿＿＿＿＿

参 考 文 献

[1] 董付国 . Python 程序设计基础与应用 [M]. 2 版 . 北京：机械工业出版社，2022.

[2] 乔海燕，周晓聪 . Python 程序设计基础程序设计三步法（微课版）[M]. 北京：清华
    大学出版社，2021.

[3] 陈春晖，翁恺，季江民 . Python 程序设计 [M]. 杭州：浙江大学出版社，2019.

[4] 高天，礼欣，黄天羽 . Python 语言程序设计基础 [M]. 2 版 . 北京：高等教育出版社，
    2017.

参考答案及配套资源下载

扫描二维码下载参考答案

扫描二维码下载配套资源

附　录

附录 A　代码格式说明

　　为了提高代码的可读性，建议在每个函数定义和一段完整的功能代码后增一个空行，在运算符两侧各增加一个空格，在逗号后面增加一个空格，但在函数参数赋值等情况下不用加空格，如图 A.1 所示。按照这样的规范编写出来的代码，布局比较松散，排版整齐，有利于代码维护。

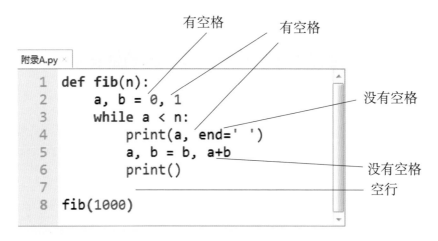

图 A.1

附录 B　Thonny 的程序调试功能

单击"调试当前脚本"按钮（如图 B.1 所示）后，程序进入调试状态（如图 B.2 所示）。

图 B.1　调试当前脚本按钮

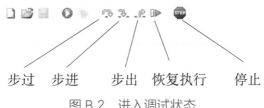

步过　步进　步出　恢复执行　停止

图 B.2　进入调试状态

程序进入调试状态后，执行每一条 Python 语句都会出现暂停，同时接下来要执行的语句会被一个高亮方框包围，如图 B.3 所示。这个高亮方框包围的语句，我们称之为焦点。

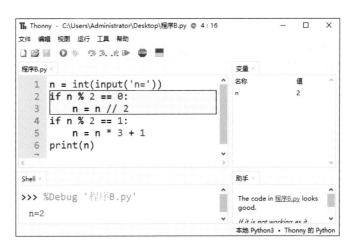

图 B.3

调试过程中，可以根据需要单击"步过""步进""步出""恢复执行""STOP"按钮。

步过：以一条语句为单位，直接执行该条语句后，进入下一条语句。

步进：以一个表达式为单位，进入语句内部，按序计算表达式的值。

步出：从语句的内部跳出。

恢复执行：从当前调试语句依序执行至程序末。

STOP：停止，退出程序调试或执行状态。

附录 C 字 符 集

ASCII 值	字符	ASCII 值	字符	ASCII 值	字符	ASCII 值	字符
32	空格	56	8	80	P	104	h
33	!	57	9	81	Q	105	i
34	"	58	:	82	R	106	j
35	#	59	;	83	S	107	k
36	$	60	<	84	T	108	l
37	%	61	=	85	U	109	m
38	&	62	>	86	V	110	n
39	'	63	?	87	W	111	o
40	(	64	@	88	X	112	p
41	)	65	A	89	Y	113	q
42	*	66	B	90	Z	114	r
43	+	67	C	91	[	115	s
44	,	68	D	92	\	116	t
45	-	69	E	93	]	117	u
46	.	70	F	94	^	118	v
47	/	71	G	95	—	119	w
48	0	72	H	96	`	120	x
49	1	73	I	97	a	121	y
50	2	74	J	98	b	122	z
51	3	75	K	99	c	123	{
52	4	76	L	100	d	124		
53	5	77	M	101	e	125	}
54	6	78	N	102	f	126	~
55	7	79	O	103	g		

附录 D　奖励积分卡
——比特童币

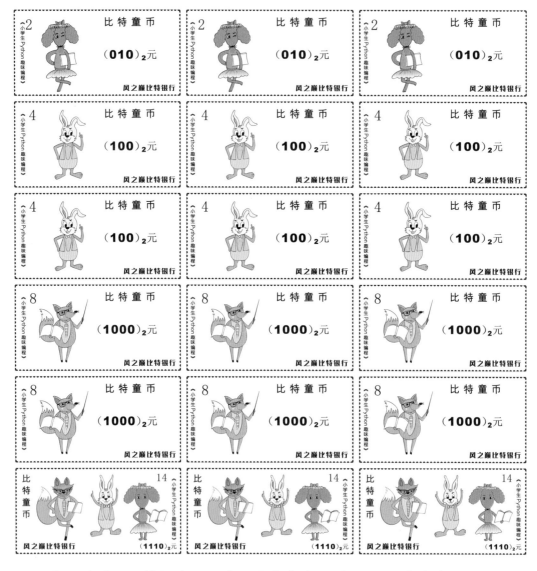

使用说明：给教师使用，建议彩色复印，奖励给优秀学员，可以换购奖品。